"中国森林生态系统连续观测与清查及绿色核算"系列丛书

王　兵　主编

贵州省森林生态连清监测网络构建

与生态系统服务功能研究

丁访军　周　华　吴　鹏　刘延惠　　著
戴晓勇　宋　林　王　华　王　兵

中国林业出版社
China Forestry Publishing House

图书在版编目(CIP)数据

贵州省森林生态连清监测网络构建与生态系统服务功能
研究 / 丁访军等著. -- 北京 : 中国林业出版社, 2020.12
("中国森林生态系统连续观测与清查及绿色核算"系列丛书)
ISBN 978-7-5219-0918-0

Ⅰ.①贵… Ⅱ.①丁… Ⅲ.①森林生态系统－服务功
能－研究－贵州 Ⅳ.①S718.56

中国版本图书馆CIP数据核字(2020)第243634号

审图号 : 黔 S (2020) 014 号

中国林业出版社·林业分社

策划、责任编辑: 于界芬　于晓文

出版发行	中国林业出版社
	(100009 北京西城区德内大街刘海胡同 7 号)
网　　址	http://www.forestry.gov.cn/lycb.html
电　　话	(010) 83143542
印　　刷	河北京平诚乾印刷有限公司
版　　次	2020 年 12 月第 1 版
印　　次	2020 年 12 月第 1 次
开　　本	889mm×1194mm　1/16
印　　张	14
字　　数	300 千字
定　　价	128.00 元

《贵州省森林生态连清监测网络构建与生态系统服务功能研究》
著者名单

项目完成单位：

贵州省林业科学研究院

贵州省林业调查规划院

中国林业科学研究院

中国森林生态系统定位观测研究网络中心（CFERN）

项目首席科学家：

王　兵　中国林业科学研究院

项目组成员：

王　华	王　进	牛　香	卢小强	卢　鹏	朱　军	朱　松
任朝辉	刘延惠	刘　茜	刘　晓	刘隆德	汤　茜	许才万
许丰伟	孙吉慧	李世杰	李成龙	李宗辉	李默然	杨永艳
杨　冰	肖　玲	吴　鹏	宋庆丰	宋　林	张光辉	张江平
张　喜	罗　扬	周凤娇	周　汀	周　华	官加杰	赵文君
赵　斌	胡　蕖	侯贻菊	姜　霞	姚正明	袁丛军	袁信刚
夏忠胜	夏　婧	顾永顺	晏玉莹	徐丽娜	徐　海	徐联英
殷定霞	郭　颖	崔迎春	程　娟	舒德远	曾　辉	谢　涛
蒲应春	谭成江	潘明亮	潘忠松	戴晓勇		

编写组成员：

丁访军	周　华	吴　鹏	刘延惠	戴晓勇	宋　林	王　华
王　兵						

前　言

　　生态文明是人类社会进步的重大成果，是实现人与自然和谐共生的必然要求。加强生态文明建设，不仅是为了解决中国当下面临的生态环境问题，更是为了谋求中华民族的长远发展；不仅是影响发展的重大经济问题，更是事关党执政兴国的重大民生问题、社会问题和政治问题；不仅是推动中国自身发展进步的必然要求，更是推动人类社会发展进步的迫切需要。目前，在习近平生态文明思想指引下，中国政府和民众迈入了新时代生态文明建设新境界。

　　党的十八大以来，以习近平同志为核心的党中央站在坚持和发展中国特色社会主义、实现中华民族伟大复兴的中国梦的战略高度，把生态文明建设纳入中国特色社会主义事业总体布局，使生态文明建设成为"五位一体"总体布局中不可或缺的重要内容，"美丽中国"成为社会主义现代化强国的奋斗目标。与此同时，"生态文明建设""绿色发展""美丽中国"写进党章和宪法，成为全党的意志、国家的意志和全民的共同行动。这些重大理论和实践创新创造，进一步彰显了生态文明建设的战略地位，推动中国特色社会主义的发展目标、发展理念和发展方式发生了历史性的深刻转变，生态文明建设取得历史性成就。

　　习近平总书记特别指出，生态环境是关系党的使命宗旨的重大政治问题。人民对美好生活的向往，就是我们党的奋斗目标。新时代，人民群众对干净的水、清新的空气、安全的食品、优美的环境等的要求越来越高，只有大力推进生态文明建设，提供更多优质生态产品，才能不断满足人民日益增长的优美生态环境需要。

　　森林生态系统在山水林田湖草生命共同体中占据着重要地位，作为陆地上最大的基因库、碳储库、蓄水库和能源库，具有涵养水源、保育土壤、固碳释氧、净化大气环境、生物多样性保护、森林游憩和森林防护等多项生态服务功能，不仅为人类提供了生存所必需的重要资源，还可为人类创造诸多福祉，对维护改善区域生态平衡至关重要。近年来，我国在借鉴国内外最新研究成果基础上，通过中国森林生

态系统定位观测研究站，依靠森林生态连清技术进行了一系列不同尺度森林生态系统服务功能的评估，并完成相关评估报告，这充分体现了森林资源清查与森林生态连清有机耦合的重要性，标志着我国森林生态服务功能评估迈出了新的步伐，为描述我国森林生态服务的动态变化，完善森林生态环境动态评估及健全生态补偿机制提供了科学依据。

借助 CFERN 平台，中国森林生态服务功能评估项目组，2006 年，启动"中国森林生态质量状态评估与报告技术"（编号：2006BAD03A0702）"十一五"科技支撑计划；2007 年，启动"中国森林生态系统服务功能定位观测与评估技术"（编号：200704005）国家林业公益性行业科研专项计划，组织开展森林生态服务功能研究与评估测算工作；2008 年，参考国际上有关森林生态服务功能指标体系，结合我国国情、林情，制定了《森林生态系统服务功能评估规范》（LY/T1721—2008），并对"九五""十五"期间全国森林生态系统涵养水源、固碳释氧等主要生态服务功能的物质量进行了较为系统、全面的测算，为进一步科学评估森林生态系统的价值量奠定了数据基础。2009 年和2015 年，分别基于第七次和第八次全国森林资源清查数据，评估了我国森林生态系统服务功能物质与价值量，评估内容更为全面，评估结果更加系统地反映了森林的多种功能和效益。

贵州省地处中国西南腹地，东毗湖南、南邻广西、西连云南、北接四川和重庆，境内地势西高东低，自中部向北、东、南三面倾斜，地貌高原山地居多，地跨长江和珠江两大水系，素有"八山一水一分田"之说，是一个山川秀丽、气候宜人、资源富集、民族众多的内陆山区省，是山地旅游大省、国家生态文明试验区、内陆开放型经济试验区。作为没有平原支撑的省份，其地貌、生态环境等都会对区域内生态系统服务价值产生影响。贵州河流以苗岭为分水岭，以北属长江流域，以南属珠江流域，主要河流有乌江、六冲河、清水江、赤水河、牛栏江、北盘江、红水河、都柳江。贵州自中生代三叠纪结束海侵历史后，便成为稳定的大陆，悠久的地质历史为起源古老的高等植物迁入、生长和发育提供了条件。由于复杂的历史过程和生态地理条件的多样性，使植物区系成分在贵州省的分布表现出相互交错渗透、分布区相互重叠，生物多样性极其丰富，既有中国亚热带典型的地带性植被常绿阔叶林，又有近热带性质的沟谷季雨林、山地季雨林；既有寒温性亚高山针叶林，又有暖性针叶林。这些丰富的森林资源，良好的生态环境，不仅形成了一道天然的生态屏障，保障了贵州省及"两江"下游地区生产和生态安全，再加上多姿多彩的少数民族文化，还为贵州省的多元经济相容共生的新型产业发展提供了广阔的空间。因此，保护、发展及客观评价贵州省森林生态系统服务功能意义十分重大。

自 1989 年长江中上游防护林体系建设工程启动开始，贵州省林业科学研究院就开始了林业生态工程生态效益的定位观测研究，积累了丰富的定位观测研究经验和大量的观测数据。从 2001 年开始，贵州省林业厅又相继启动了退耕还林工程、珠江防护林体系建设工程和天然林资源保护工程等重点林业生态建设工程的综合效效益监测与评价工作。这些生态工程的生态效益监测和生态站的定位观测研究工作都为贵州开展森林生态系统服务功能评估积累了大量的观测数据。为了客观、科学地评估贵州省森林生态服务功能的物质量和价值量，贵州省林业厅于 2010 年启动了"贵州省森林生态效益监测与评价"项目，贵州省林业科学研究院作为承担单位，中国森林生态系统定位观测研究网络（CFERN）为技术依托，贵州省林业调查规划院、贵州省森林资源管理站为参加单位，开展了贵州省主要林分类型的生态服务功能监测，积累了大量的生态要素数据，2012 年，项目组以国家林业局中国森林生态系统定位观测研究网络为技术依托，按照中华人民共和国林业行业标准《森林生态系统服务功能评估规范》(LY/T 1721—2008)，采用森林生态连清体系和分布式测算方法，以森林资源数据集、生态连清数据集及社会公共数据集为依据，对贵州省森林生态系统以及退耕、天然林资源保护工程等重点林业生态工程在涵养水源、保育土壤、固碳释氧、林木积累营养物质、净化大气环境、生物多样性保护等方面进行了物质量和价值量评估。之后，根据贵州省林业厅（现贵州省林业局）的工作安排和结合相关课题研究任务，项目组继续对贵州省主要林分类型及重点林业生态工程的生态服务功能开展监测。2016 年，贵州省林业厅再次启动了"贵州省森林生态系统服务功能评估"项目，项目组按照林业行业标准《森林生态系统服务功能评估规范》(LY/T 1721—2008)，采用森林生态连清体系和分布式测算方法，以第四次森林资源二类调查数据集、生态连清数据集以及社会公共数据集为依据，对贵州省森林生态系统服务功能进行了物质量和价值量的评估。

评估结果以直观的货币形式展示了贵州省森林生态系统为人们提供的服务价值，

诠释了贵州森林值多少金山银山，客观地反映了贵州省森林生态系统服务功能状况和林业生态建设与保护成效，阐明了贵州森林在"两江"上游生态安全中发挥的作用。评估结果对于提升森林经营管理水平，推动生态效益科学量化补偿和生态 GDP 核算体系的构建，进而推进贵州林业向森林生态、经济、社会三大效益统一的科学发展道路，为实现习近平总书记提出的林业工作"三增长"目标提供了技术支撑，并对构建生态文明制度、全面建成小康社会、实现中华民族伟大复兴的中国梦不断创造更好的生态条件提供了科学依据。

著　者

2018年12月

目 录

第一章
贵州省自然资源及地理概况

第一节　自然概况

一、地理位置

贵州省简称"黔"或"贵"，是一个山川秀丽、气候宜人、资源富集、民族众多的内陆山区省。贵州地处云贵高原，介于东经103°36′~109°35′、北纬24°37′~29°13′之间，东靠湖南，南邻广西，西毗云南，北连四川和重庆，东西长约595千米，南北相距约509千米。全省国土总面积176167.7平方千米，占全国总面积的1.8%。

二、地形地貌

贵州地貌属于中国西部高原山地，境内地势西高东低，自中部向北、东、南三面倾斜，平均海拔在1100米左右。贵州高原山地居多，素有"八山一水一分田"之说。全省地貌可概括分为高原山地、丘陵和盆地3种基本类型，其中92.5%的面积为山地和丘陵。境内山脉众多、重峦叠峰、绵延纵横、山高谷深。北部有大娄山，自西向东北斜贯北境，川黔要隘娄山关高1444米；中南部苗岭横亘，主峰雷公山高2178米；东北境有武陵山，由湘蜿蜒入黔，主峰梵净山高2572米；西部高耸乌蒙山，属此山脉的赫章县珠市乡韭菜坪海拔2900.6米，为贵州境内最高点。而黔东南州的黎平县地坪乡水口河出省界处，海拔为147.8米，为境内最低点。贵州岩溶地貌发育非常典型。喀斯特出露面积109084平方千米，占全省国土总面积的61.9%，境内岩溶分布范围广泛，形态类型齐全，地域分异明显，构成一种特殊的岩溶生态系统。

三、气候条件

贵州的气候温暖湿润，属亚热带湿润季风气候区。气温变化小，冬暖夏凉，气候宜人。2002年，贵州省省会贵阳市年平均气温为14.8℃，比上年提高0.3℃。从全省看，通常最冷月1月，平均气温多在3~6℃，比同纬度其他地区高；最热月7月，平均气温一般是22~25℃，为典型夏凉地区。降水较多，雨季明显，阴天多，日照少。受季风影响降水多集中于夏季。境内各地阴天日数一般超过150天，常年相对湿度在70%以上。

四、土壤条件

贵州土壤的地带性属中亚热带常绿阔叶林红壤—黄壤地带。中部及东部广大地区为湿润性常绿阔叶林带，以黄壤为主；西南部为偏干性常绿阔叶林带，以红壤为主；西北部为具北亚热成分的常绿阔叶林带，多为黄棕壤。此外，还有受母岩制约的石灰土和紫色土、粗骨土、水稻土、棕壤、潮土、泥炭土、沼泽土、石炭土、石质土、山地草甸土、红黏土、新积土等土类。

五、水文资源

贵州河流处在长江和珠江两大水系上游交错地带，有69个县属长江防护林保护区范围，是长江、珠江上游地区的重要生态屏障。全省水系顺地势由西部、中部向北、东、南三面分流。苗岭是长江和珠江两流域的分水岭，以北属长江流域，流域面积128783平方千米，主要河流有赤水河、乌江、清水江、洪州河、阳河、锦江、松桃河、松坎河、牛栏江、横江等。苗岭以南属珠江流域，流域面积64464平方千米，主要河流有南盘江、北盘江、红水河、都柳江、打狗河等。大体上，贵州河流数量较多，处处川流不息，长度在10千米以上的河流有984条，贵州河流的山区性特征明显，大多数的河流上游，河谷开阔，水流平缓，水量小；中游河谷束放相间，水流湍急；下游河谷深切狭窄，水量大，水力资源丰富。

六、自然植被

贵州植被资源丰富，具有明显的亚热带性质，组成种类繁多，区系成分复杂。全省维管束植物（不含苔藓植物）共有269科1655属6255种（变种）。植物区系以热带及亚热带性质的地理成分占明显优势，如泛热带分布、热带亚洲分布、旧世界热带分布等地理成分占较大比重，温带性质的地理成分也不同程度存在。此外，还有较多的中国特有成分。由于特殊的地理位置，贵州植被类型多样，既有中国亚热带型的地带性植被常绿阔叶林，又有近热带性质的沟谷季雨林、山地季雨林；既有寒温性亚高山针叶林，又有暖性同地针叶林。植被在空间分布上又表现出明显的过渡性，从而使各种植被类型在地理分布上相互重叠、错综，各种植被类型组合变得复杂多样。

总而言之，贵州省自然植被可分为针叶林、阔叶林、竹林、灌丛及灌草丛、沼泽植被及水生植被5类。针叶林是贵州现存植被中分布最广、经济价值最高的植被类型，以杉木林、马尾松林、云南松林、柏木林等为主；阔叶林以壳斗科、樟科、木兰科、山茶科植物等为主，常绿阔叶林是贵州省的地带性植被；多种森林植被被破坏后发育形成的灌丛及灌草丛分布最为普遍。

第二节　社会经济概况

一、行政区划、人口概况

贵州省国土面积 176167.7 平方千米，辖贵阳、遵义、六盘水、安顺、毕节、铜仁 6 个地级市，黔东南苗族侗族自治州（以下简称黔东南州）、黔南布依族苗族自治州（以下简称黔南州）、黔西南布依族苗族自治州（以下简称黔西南州）3 个民族自治州；有 9 个县级市、52 县、11 个民族自治县、15 个市辖区和 1 个特区。2017 年年末全省常住人口 3580 万人。

二、历史沿革

贵州是古生物的发源地之一，地层中蕴藏着各个时代丰富的古生物化石，被誉为"了解和研究地球生命发展演化史的宝库"。"贵州始杯海绵"化石的发现，将地球生命起源向前推到了距今 6 亿年前。"贵州中华瓣甲鱼""贵州中华真颚鱼"等古生物化石的出土，显示了距今 4 亿至 1 亿年的生命演化。尤其是"胡氏贵州龙""海百合""黔鱼龙"生物化石的发现，将贵州推上了世界三叠纪古生物王国的宝座。新生代以来的哺乳动物化石更是遍及全省各地。

贵州是中国古人类的发祥地和中国古文化的发源地之一。距今五六十万年前就有人类在这片土地上栖息繁衍，现已发现黔西观音洞、盘县大洞等旧石器时代的文化遗址 40 多处。观音洞对研究中国旧石器时代的起源和发展具有重要的科学价值，被正式命名为"观音洞文化"。大量出土的石器、陶器、青铜器、铁器等文物还表明，贵州具有悠久的开发历史。春秋以前，贵州黔东北地区属于荆楚，其余地区泛称南蛮。战国、秦汉时期，夜郎国崛起于中国西南部，贵州成为夜郎的中心。宋代，"贵州"作为地名始见于文献。明永乐十一年（公元 1413 年），设置贵州布政使司，贵州正式建立行省。抗战时期，贵州成为支持全国的大后方，大量机关、工厂、学校内迁，对贵州经济社会的发展起到了促进作用。1949 年 11 月 15 日，中国人民解放军二野五兵团解放贵阳，贵州的历史从此翻开新的一页。

三、经济发展情况

初步核算，2017 年全省地区生产总值 13540.83 亿元，比上年增长 10.2%。按产业分，第一产业增加值 2020.78 亿元，增长 6.7%；第二产业增加值 5439.63 亿元，增长 10.1%；第三产业增加值 6080.42 亿元，增长 11.5%。第一产业增加值占地区生产总值比重为 14.9%；第二产业增加值比重为 40.2%；第三产业增加值比重为 44.9%。人均地区生产总值 37956 元，比上年增加 4710 元（摘自《2017 年贵州省国民经济和社会发展统计公报》）。全年社会消费品零售总额 4154.00 亿元，比上年增长 12.0%。按消费类型统计，餐饮收入 364.97 亿元，比上年增长 14.7%；商品零售 3789.02 亿元，增长 11.7%。按经营地统计，城镇消费品零售额 3388.54 亿元，比上年增长 11.8%；乡村消费品零售额 765.46 亿元，增长 12.9%。

第三节　森林资源概况

一、林地用地面积

经贵州省第四次森林资源二类调查统计，全省林地面积 1095.18 万公顷，占全省国土总面积的 62.17%；非林地面积 666.50 万公顷，占全省国土总面积的 37.83%。全省森林覆盖率 55.3%。其中：乔木林地 666.84 万公顷，占国土面积的 37.85%；竹林地 15.29 万公顷，占 0.87%；灌木林地 282.46 万公顷，占 16.03%（喀斯特灌木林地 255.51 万公顷，占 14.50%；一般灌木林地 26.95 万公顷，占 1.53%）；经济林地 35.95 万公顷，占 2.04%；疏林地 40863.19 公顷，占 0.23%；未成林造林地 704013.34 公顷，占 4.00%；苗圃地 1730.07 公顷，占 0.01%；迹地 29955.27 公顷，占 0.17%；宜林地 169795.83 公顷，占 0.96%。

二、森林资源结构

根据贵州省第四次森林资源二类调查结果，不同优势树种组类型的面积分布如图 1-1 所示。截至 2016 年，贵州省森林面积 973.59 万公顷，森林覆盖率 55.3%，森林蓄积量 4.49 亿

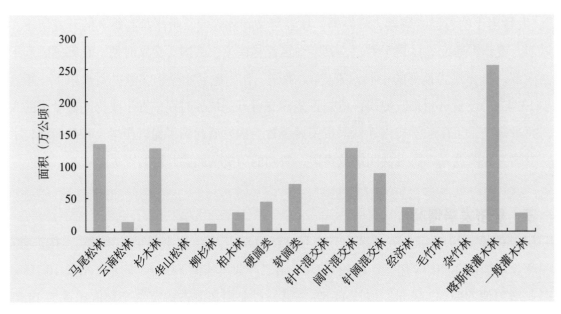

图 1-1 不同优势树种组面积分布

立方米，另有一般灌木林面积 26.95 万公顷。本评估参考树木的生态学和生物学特性，将全省优势树种组林分类型划分 11 个乔木优势树种组林分类型和喀斯特灌木林、一般灌木林、毛竹林、杂竹林、经济林共 16 个类型。其中，喀斯特灌木林的面积最大（255.51 万公顷），占全省优势树种组林分类型面积的 25.54%。乔木优势树种组林分类型按面积排序前三的是马尾松林、杉木林和阔叶混交林，分别占全省优势树种组林分类型面积的 13.41%、12.79% 和 12.73%。面积排名后三位的是毛竹林、针叶混交林和杂竹林，分别占全省优势树种组林分类型面积的 0.64%、0.85% 和 0.88%。

三、林龄组结构

不同龄组的分布情况如图 1-2 所示。在不同龄组的森林中，马尾松林以近熟林所占比例最大，占比 36.57%；最小为过熟林，仅占 1.48%。云南松林以中龄林所占比例最大，占比 40.60%；最小为过熟林，仅占 0.10%。杉木林以中龄林所占比例最大，占比 31.44%；最小为过熟林，仅占 6.51%。华山松林以中龄林所占比例最大，占比 49.04%；最小为过熟林，仅占 1.24%。柳杉林以中龄林所占比例最大，占比 72.12%；最小为过熟林，仅占 0.26%。柏木林以幼龄林所占比例最大，占比 71.76%；最小为过熟林，仅占 0.03%。硬阔类以幼龄林所占比例最大，占比 87.60%；最小为过熟林，仅占 0.03%。软阔类以幼龄林所占比例最大，占比 61.13%；最小为过熟林，仅占 0.63%。针叶混交林以中龄林所占比例最大，占比 41.47%；最小为过熟林，仅占 1.20%。阔叶混交林以幼龄林所占比例最大，占比 62.81%；最小为过熟林，仅占 0.58%。针阔混交林以中龄林所占比例最大，占比 38.58%；最小为过熟林，仅占 0.87%。

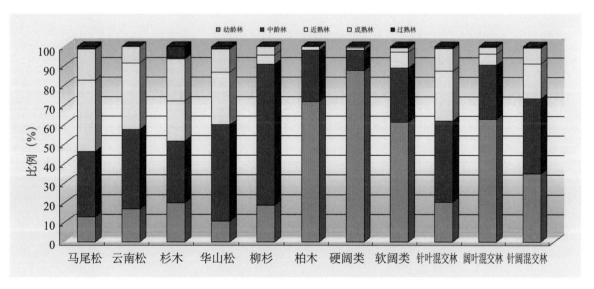

图 1-2　不同优势树种组龄组面积所占比例分配

四、各市（州）森林资源概况

贵州气候、降水量、地形地貌、土壤等自然条件区域差异较大，以及各地林业经营水平参差不齐，导致各地森林资源质量和数量不均衡。总体上，东部、北部、南部立地条件较好，森林资源分布较广，质量较高，生物多样性丰富。中部和西部的立地条件较差，石漠化分布面积较广，森林资源数量较少，质量偏低。各市（州）及贵安新区森林资源概况见表 1-1。黔东南的森林资源面积最大，占全省森林资源的 20.69%，其次是遵义市，其森林资源面积占全省森林资源的 17.46%，最小的是贵安新区，其森林资源面积仅占全省森林资源的 0.12%，其他各市（州）的森林资源面积占全省森林资源的比例分别是六盘水为 5.00%，安顺为 4.53%，铜仁为 10.54%，黔西南为 9.02%，毕节为 12.49%，黔南为 16.43%，贵阳为 3.73%。

表 1-1　森林资源面积区域分布（公顷）

优势树种组	六盘水市	遵义市	安顺市	铜仁市	黔西南州	毕节市	黔东南州	黔南州	贵阳市	贵安新区
马尾松	2899.0	266189.9	19390.6	269815.8	6326.7	31321.6	296920.7	344219.6	101945.5	2998.1
云南松	13556.2	33.0	124.1	19.1	17385.8	106931.7	142.7	45.9	97.1	0.0
杉木	39567.2	107358.1	25887.9	127179.7	132420.9	32238.8	722572.5	83934.4	8170.5	57.6
华山松	16656.2	4462.5	239.8	662.9	2024.0	86630.4	870.0	730.9	5573.7	209.5
柳杉	33790.0	13191.8	9426.3	797.2	873.5	37524.6	332.5	5252.6	7862.0	101.0
柏木	6544.0	105323.0	8020.6	68975.5	13165.4	23211.3	34256.8	5643.6	9495.4	81.1
硬阔类	10793.2	89299.2	21979.5	19376.1	84342.9	51322.1	77402.1	90184.4	6826.5	364.1
软阔类	22045.1	77533.5	24398.8	62195.7	92094.5	90209.0	179358.1	117425.3	48278.9	640.0
针叶混交林	10188.0	11.0	6359.2	0.0	7341.8	33429.1	0.0	20456.9	7570.9	51.3
阔叶混交林	12234.9	272291.6	51825.8	118278.7	79814.5	77278.8	343739.0	285329.8	32182.2	430.6
针阔混交林	31834.7	219010.5	36845.5	141294.8	37909.3	110093.7	180448.5	100074.7	24159.8	205.8
经济林	38269.1	57989.5	19639.4	38931.8	66031.8	38434.4	31720.8	47762.3	20200.4	562.2
毛竹林	167.1	39263.6	40.5	3649.4	477.2	66.6	18246.1	2415.1	137.3	0.0
杂竹林	2945.8	62232.2	530.5	13063.0	2542.1	442.2	1873.7	4247.7	458.4	22.1
喀斯特灌木林	254498.3	415955.7	218294.1	165561.7	340109.2	493279.5	102085.7	462163.5	97136.1	6053.4
非喀斯特灌木林	4381.3	16990.9	10151.1	24725.0	19546.0	37436.7	79699.0	73675.0	2802.6	50.3

第二章

贵州森林生态连清监测网络构建

　　自工业革命以来，社会经济的飞速发展给全球生态系统造成了日益严重的影响。空气质量下降、土地严重退化、森林面积减少、生物多样性下降、水资源分配不平衡等便是生态环境恶化的典型特征（赵海凤等，2018）。由于这些问题过程复杂、时空跨度大、涉及因素众多，要完全解决非常困难。因此，针对日益严重和恶化的生态环境问题，为了更加科学地管理生态系统，建立从样地到区域乃至全球尺度的系统观测网络，开展跨区域甚至不同生态系统间的长期定位观测研究意义十分重大（傅伯杰等，2002，2005；陈怀亮，2008；于贵瑞等，2014；赵海凤，2018）。迄今为止，中国、美国、法国、澳大利亚等国家都相继建立了各自的国家生态监测研究网络(孙鸿烈等,2014)。截至2018年，我国已建成主要涵盖城市、农田、森林、草地、湿地和荒漠等在内的生态系统定位观测研究站232个（国家林业和草原局系统190个，中国科学院系统42个）。其中，国家林业和草原局的森林生态系统定位观测网络成员已达110个。这些森林生态站通过对森林生态系统的组成、结构、生物生产力、养分循环、水循环和能量利用等在自然状态下或某些人为活动干扰下的动态变化格局与过程进行长期定位观测，在揭示生态系统发生、发展、演替的内在机制和自身的动态平衡，以及参与生物地球化学循环过程等方面发挥了重要作用。由于森林与气候之间存在着密切的关系，气候的变化将不可避免地对森林结构和功能产生不同程度的影响。反过来，因全球森林生态系统是一个巨大的碳库，受气候变化的影响，它对大气中的 CO_2 起着源或汇的双重作用，从而进一步加剧或减缓气候变化的效应（刘世荣等，2015）。

　　森林是陆地上面积最大、结构最复杂、初级生产力最高的生态系统，是自然界功能最完善的资源库、生物库、蓄水库、贮碳库、能源库，具有很高的生物生产力和生物量以及丰富的生物多样性，对全球生态系统和人类经济社会发展起着至关重要的作用（刘世荣，2015）。虽然全球森林面积仅占地球陆地面积的26%，但全球森林植被和土壤构成了一个巨大的碳库（Dixon et al.，1994），分别约占全球植被和土壤碳储量的86%和73%（Woodwell et al.，1978；Post et al.，1982；刘世荣，2015）。森林每年的固碳量约占整个陆地生物固碳量的67%

（Kramer，1981），森林在维护全球碳平衡中具有重大的作用（刘世荣，2012）。但伴随着人口的不断增长和经济社会的迅猛发展，对森林资源和森林生态系统服务的需求不断高涨。中国用仅占全球 5% 的森林面积和 3% 的森林蓄积量来支撑占全球 23% 的人口对生态产品和林产品的巨大需求（刘世荣，2015），我国的人均和总生态足迹均已超出了生态承载力（刘宇辉等，2004；Chen et al.，2007）。这导致中国森林资源和森林生态系统面临的压力越来越大。因此，推进森林资源可持续经营，增加森林总量、提高森林质量、增强生态功能，已成为中国林业可持续发展乃至推进中国生态文明建设和建设美丽中国的战略任务（刘世荣，2015）。习近平总书记指出，森林是国家、民族最大的生存资本，关系生存安全、淡水安全、国土安全、物种安全、气候安全和国家外交战略大局；良好生态环境是最公平的公共产品，是最普惠的民生福祉。党的十八大指出要大力推进生态文明建设，要把资源消耗、环境损害、生态效益纳入经济社会发展评价体系，建立体现生态文明要求的目标体系、考核办法、奖惩机制。开展森林的生态效益评估，是贯彻落实党的十八大、十九大生态文明精神的具体体现。但是，由于我国森林生态系统区域分布的复杂性和多样性，在对森林的经营和管理中依然存在不少问题，比如，资源监测数据缺乏统一管理、难以查询和共享（齐杨等，2015；Li et al.，2017）、数据质量控制体系不足（李毅等，2016）、建设空间布局不合理（鲁东民等，2017）、缺乏公众参与（Daume et al.，2014）等。因此，对森林生态系统进行长期定位观测和研究，一方面对于充分认识和揭示森林生态系统本身的结构与功能变化规律具有重要意义；另一方面，也是获取区域乃至全球尺度森林生态系统变化及其对气候变化响应原始数据的重要手段（王兵等，2004，2010）。

贵州高原是中国古人类的发祥地和古文化的发源地之一，位于长江和珠江上游。境内多岩溶地貌、河谷高山纵横交错、森林资源丰富、森林类型复杂多样，是"两江"上游极为重要的生态安全屏障，对区域生态和社会经济都具有重要影响。贵州一方面作为全国首批三个国家生态文明试验区之一，被赋予了生态文明建设探索的重任，示范带动作用大；另一方面由于自然和人为因素的影响，生态十分脆弱，极易导致生态系统退化而恢复困难，石漠化便是退化的典型特征。由于喀斯特山地生态系统有别于其他地质背景的生态系统，对其森林生态系统的监测和评价具有一定的特殊性。因此，构建贵州森林生态系统定位观测网络，为开展森林的生长、演替、结构、功能、过程和格局等研究奠定基础，从而促进该区域森林生态系统的保护和修复，筑牢长江和珠江上游生态安全屏障等提供有效支撑。本研究在充分考虑气候、地形、植被以及重大林业生态工程等基础上，以贵州省为总体研究对象，利用 GIS 技术规划构建贵州省森林生态系统定位观测研究网络，旨在更加科学、合理地布局森林生态系统定位观测研究网络站点，有序推进网络建设、提升观测与研究能力、积累科学数据、服务地方经济社会发展和生态文明建设。

第一节　网络构建目的和意义

一、目　的

不同尺度上开展森林生态系统定位观测研究的侧重点是不同的（Lindenmayer et al.，2010；郭慧等，2015）。全球、地区和国家尺度的长期观测研究主要侧重重大生态问题的长期定位观测与集成研究，旨在为生态环境建设与保护、政治外交等提供决策依据。区域和省域尺度的长期观测研究主要侧重重点林业生态工程建设和生态环境热点问题，以及开展森林生态系统关键生态要素作用机理研究。由于森林生态系统区域分布完整性和多样性的特点，在市级或县级尺度上全面开展网络布局的工作使得生态站布设存在重复的可能性，不仅不能体现典型抽样的思想，而且投资成本过大（郭慧，2015）。因此，选择省域尺度进行森林生态系统定位观测研究网络建设，其主要目的是通过长期定位观测，从格局—过程—尺度有机结合的角度，研究水分、土壤、气象、生物要素的物质转换和能量流动规律，定量分析不同时空尺度上生态过程演变、转换与耦合机制，建立森林生态环境及其效益的评价、预警和调控体系，揭示该区域森林生态系统的结构与功能、演变过程及其影响机制（郭慧，2015）；通过科学合理的布局，进一步补充、扩建部分观测站，逐步加密和完善省域尺度上森林生态系统定位观测研究网络，提高森林生态系统定位观测研究的能力和水平，为森林可持续经营和森林资源永续利用提供基础数据。

本研究在综合考虑气候条件、地形地貌、生态区划、重大林业工程以及生态系统服务功能（水源涵养、土壤保持、生物多样性保护）等基础上，结合植被的地带性和地域分异性规律，利用地理信息系统（GIS）和遥感（RS）技术进行空间分析，将贵州省划分为若干相对均质的区域构建长期森林生态系统定位观测研究网络，提出全省观测站网的具体构建方案，科学、合理地布局森林生态系统定位观测研究网络站点，有序推进网络建设，提升观测与研究能力，为贵州森林生态连清体系提供基础数据，提高贵州省森林生态系统服务功能评估的完整性和科学性。

二、意　义

长期定位观测是较大尺度上为研究、揭示生态系统的结构与功能变化规律而采用的重要手段（王兵，2004）。在典型生态系统地段建立定位观测站，通过固定样地对生态系统的组成、结构、生物生产力、养分循环、水循环和能量利用等在自然状态下或某些人为活动干扰下的动态变化格局与过程进行长期监测，是阐明生态系统发生、发展、演替的内在机制和生态系统自身的动态平衡，以及参与生物地球化学循环过程等不可替代的研究方法（周晓峰等，1999；王兵等，2003）。省域尺度上生态网络分区及其站点的布局，不仅要考虑站点的建设是否能有效支撑水源涵养、土壤保育、养分循环等领域的研究，补充和完善国家森林生态系统长期定位观测体系，还要考虑其功能和作用是否能更好地服务国家重大林业生态工程效益监测，最终实现对森林生态系统的长期无缝观测。贵州山地是一个非常复杂的生态系统，具有特定的结构和功能，生物多样性丰富，但受石漠化危害的影响，生态环境十分脆弱。因此，针对山地森林生态系统开展长期定位观测研究，对解释和阐明山地森林生态系统的结构和功能、生态学现象与过程以及可持续利用等都有极为重要的意义（方精云等，2004）。

森林生态系统作为地球上最复杂、多功能、多效益的自然生态系统，是陆地生态系统的主体，是人类生存和发展的物质基础和生态支撑，对维护生态平衡和经济社会的发展起着决定性的作用，是实现人类与自然和谐关系的纽带，也是一个国家一个民族最大的生存资本和绿色财富。党的十八大把生态文明建设纳入中国特色社会主义事业"五位一体"总体布局，首次把"美丽中国"作为生态文明建设的宏伟目标。推进生态文明建设，是关系我国经济社会可持续发展、关系人民福祉和中华民族未来的全局性、战略性、根本性问题。党的十八大还强调，着力推进绿色发展，要把资源消耗、环境损害、生态效益纳入经济社会发展评价体系，建立体现生态文明要求的目标体系、考核办法、奖惩机制。党的十九大也同时提出，加快生态文明体制改革，建设美丽中国，要提供更多优质生态产品以满足人民日益增长的美好生活需要，必须树立和践行"绿水青山就是金山银山"的理念，坚持节约资源和保护环境的基本国策，像对待生命一样对待生态环境，良好生态环境是最公平的公共产品，是最普惠的民生福祉。那么，生态环境好不好，如何好，绿水青山如何能够成为金山银山，到底值多少金山银山，要回答这一系列的问题，就需要海量的观测数据作支撑，合理量化评估森林的生态服务功能价值，而这些海量数据来源于森林生态站的长期、连续、定位观测研究数据。因此，贵州森林生态系统长期定位观测网络构建总的来说具有以下几方面的意义：

（一）科学合理地布局贵州森林生态系统长期定位观测站点

贵州地处长江和珠江两大水系上游，是长江、珠江上游地区的重要生态屏障。且高原山地居多，喀斯特地貌广泛发育，石漠化程度高，生态环境十分脆弱，是全球气候变化的敏感区。另一方面，贵州植被类型多样，既有中国亚热带型的地带性植被常绿阔叶林，又有近热带性质的沟谷季雨林、山地季雨林。植被在空间分布上又表现出明显的过渡性，从而使各种植被类型在地理分布上相互重叠、错综，各种植被类型组合变得复杂多样。因此，通过贵州森林生态系统长期定位观测网络构建研究，科学合理地布局贵州森林生态系统长期定位观测网络站点，既能满足国家森林生态系统长期定位观测研究的需求，又能体现区域优势和地域特色，满足地方需求。

（二）服务重大林业生态工程建设

目前，贵州省开展的重大林业工程有天然林资源保护工程（以下简称天保工程）、退耕还林还草工程（以下简称退耕工程）、珠江防护林建设工程（以下简称珠防工程）和石漠化小流域治理工程（以下简称石漠化治理工程）。

2000 年正式实施天保工程后，全省长江流域的 70 个县（市、区）纳入了天保工程实施范围，面积 13.3 万平方千米，占全省总面积的 75.5%；珠江流域的 18 个县（市）属非天保工程区，面积 4.31 万平方千米，占全省总面积的 24.5%。2017 年，全省停伐管护非天保工程区停伐管护面积 580.92 万亩，约占全省总天然林管护面积（1742.77 万亩）的三分之一。全省天保工程覆盖了自然保护区、国家森林公园、重要江河源头、水土流失严重地区等重点生态区的天然林资源。天保工程在改善生态环境、防灾减灾、保护生物多样性方面的效益增量尤为明显。

贵州自 2000 年启动实施退耕工程以来，截至 2018 年，累计完成工程建设任务 3080.33 万亩，其中耕地造林 1724 万亩，荒山造林 1133.33 万亩，封山育林 223 万亩。工程覆盖全省 88 个县（市、区），中央累计投入资金 353 亿元，惠及 400 多万农户 1600 余万人，其中贫困户 200 多万户 570 余万人。工程建设 19 年来取得了显著的生态、经济和社会效益。工程实施为贵州省森林覆盖率增加了近 10 个百分点，工程区地表植被覆盖度由退耕还林前的12.4% 增加到 97%，净增加 84.6 个百分点。土壤侵蚀模数比退耕还林前降低 81.3%（多彩贵州网，http://www.gog.cn/）。

珠防工程覆盖了六盘水、黔西南、安顺、黔东南、黔南等 5 个市（州）的 18 个县市，工程区总面积 44059.2 平方千米，占贵州省总面积的 25%。通过近 20 年的艰苦努力，珠防工程在贵州工程区取得了良好的生态效益、经济效益和社会效益，为贵州加快生态文明建设奠定了坚实基础。

受"荒漠化"一词的启发，20 世纪 80 年代中期，针对喀斯特地区荒漠化现象提出了"石漠化"的概念，得到社会和学术界的认同，石漠化危害的严重性也受到社会各界的普遍关注，之前的"石山治理"也改称为"石漠化治理"（袁道先等，1988；杨汉奎，1995）。以贵州高原为中心的西南岩溶地区，其石漠化治理工程主要分为四个阶段：①石山治理阶段（1950—1980 年中期）；②石漠化治理初始阶段（1980 年中期至 1998 年）；③石漠化治理生态建设阶段（1999—2008 年）；④石漠化治理设置专项治理阶段（2009 年以后）。这几个阶段基本概括了石漠化概念从认知到治理的目标、措施、社会经济发展和治理项目变化情况（王世杰，2002；白晓永等，2009；宋同清等，2014；张信宝，2016）。

因此，面对重大林业生态工程生态效益评估的迫切需求，基于森林生态系统的长期定位观测非常必要。全省森林生态站点的布局，应重点针对生态系统结构与服务有何变化、生态系统退化和恢复如何识别、生态工程与气候变化的贡献率分别是多少等关键科学问题，构建以服务生态系统结构、功能、质量为核心的重大生态工程生态效益监测评估指标体系，有效实现对国家重大生态工程生态效益的监测与评估，全面把握国家重大生态工程所取得的生态成效与存在问题，及时提出综合决策方案，将有助于具体落实重大生态工程的实施目标，为生态保护与建设工程的滚动实施提供有力的科技支撑服务（邵全琴等，2017）。

（三）提升观测与研究能力，服务地方生态文明建设

森林生态系统定位观测研究网络是开展森林生态系统结构与功能的长期、连续、定位观测与生态过程关键技术研究的网络体系，既是林业科学试验基地，又是林业科技创新体系和野外观测与科学研究平台的重要组成部分。因此，要构建科学合理的贵州省森林生态系统定位观测研究网络，建立全省统一的观测标准规范，达到统一观测指标和观测方法，规范数据管理和数据应用，建立森林生态要素观测数据共享机制，促进森林生态系统长期定位观测的健康发展，提升森林生态站观测和研究水平。一方面通过观测数据的积累，为回答林业重大科学问题和地方生态文明建设提供有效支撑；另一方面也为森林生态连清体系提供基础数据，提高森林生态系统服务功能评估的完整性和科学性，客观地反映林业生态建设和保护成效。

（四）提高森林经营管理水平和持续发挥森林价值

森林具有重要的社会价值和自然价值，尤其是在改善人居环境、减轻环境污染方面发挥了不可替代的作用。森林为人类社会的生产活动以及人类的生活提供丰富的物质产品，包括木材、非木材产品和食物等；森林在维护区域性气候、保护区域生态环境（如防止水土流失）和维系地球生命系统的平衡等方面也具有不可替代的作用（刘世荣，2015）。

随着全球人口、资源和环境的变化，人们对森林资源价值的认识也发生了巨大的变化（Cubbage et al.，2007）。首先，森林依旧要满足人类的基本生理、生活需求，而对森林提供的一系列物质和服务需求随着经济社会的发展不断扩展。人们将森林的休闲和观光、水资源数量和质量、美化价值、野生生物和生物多样性保护功能看作与森林的木材生产一样重要的功能（Bengston et al.，1999）。其次，人们对森林的各种产品和服务功能的认识得到了提高，氧气生产、碳固定与储存和水文循环调节以及水质改善等远远超出了当地森林和流域区域的范围，而提升到了国家政策和区域乃至国际事务领域（Cubbage，2007）。最后，森林对当地居民和社区而言有着重要的价值，而地区的价值要与国家和全球的价值进行整合，以更好地分配和经营这些森林（Leach et al.，1999）。

因此，如何量化和评估森林生态系统的作用和价值，探索森林可持续经营机制及其技术体系，针对森林生态要素展开长期定位观测获取基础数据，是森林生态系统长期定位观测站构建的一个重要功能和作用，其最终目标是为提高森林经营管理水平、发挥森林的最大价值提供科技支撑，实现森林可持续发展和永续利用。

第二节　森林生态系统定位观测研究网络布局

一、布局原则

为满足贵州森林生态系统定位观测网络的合理规划，网络布局应遵循以下原则（高翔

伟等，2016）：

（一）分区布局原则

在充分分析区域自然生态条件的基础上，从生态建设的整体出发，以贵州生态功能分区（生态区和生态亚区）为基础，充分考虑各功能区的特点，按气候、地形、地貌、土壤、植被类型等原则进行贵州森林生态系统监测网络的总体布局。

（二）网络化原则

采用多站点联合、多系统组合、多尺度拟合、多目标融合实现多个站点的协同研究，不同类型的森林生态系统联网研究，实现监测网络多目标、综合监测的特点。

（三）区域特色原则

根据不同类型生态系统的区域特色以及对区域内地带性观测的需求，以现有森林生态站点为基础，进行贵州森林生态系统监测网络站点的合理布局。

（四）工程导向原则

贵州森林生态系统监测网络应服务于国家重大林业工程建设，其布局应与重大林业工程建设紧密结合。

（五）长期稳定原则

在观测需求的基础上，监测网络站点的选择应具有长期性、稳定性、可达性和安全性，以免自然或人为干扰而影响观测研究工作的持续性。

（六）经济实用原则

综合考虑国家和地方财力，充分利用现有的设施以及社会公共资源数据，避免重复投资。

（七）政策管理与数据共享原则

森林生态系统观测网络的布局、监测、管理与数据的收集等工作应严格遵循中华人民共和国相关行业标准的要求；数据和资料等成果应实行网络共享，以满足各个部门和单位管理及科研的需求。

二、布局依据

贵州是我国西部云贵高原向东部低山丘陵过渡的高原斜坡地带，地势西高东低，自中部向北、东、南三面倾斜，主要为喀斯特高原山地，尤其西、南部喀斯特地貌发育强烈，山高坡陡，岩溶石漠化危害极大（黄威廉等，1983；徐宁，2013），如图2-1。气候方面，该地区属亚热带湿润季风气候，太阳辐射年总量分布不均，水热条件差异显著；年平均温度约15.7℃，年降水量为800~1600毫米。截至2018年，贵州省森林覆盖率为57%，森林面积约9.742×10⁶公顷（http://lyj.guizhou.gov.cn/）。地貌上，贵州省平均海拔为1000~1200米，境内山峦起伏，地表破碎，各种地貌类型如丘陵、山间盆地、沟谷随处可见，垂直差异十分显著。这些复杂的地形和水热差异，使得贵州省的植被类型具有复杂性、多样性和过渡性。全省主要植被类型有针叶林、阔叶林、针阔混交林、灌丛等。亚热带常绿阔叶林作为贵州省的地带性植被，在黔西高原分布上限可达 2000 米，在中部地区分布上限在 1500 米左右，到了黔东地区，分布上限仅有 1000 米左右，具有西高东低的一般规律性。而在 700 米以下的低海拔河谷地区，植被种类组成更加复杂化，甚至出现了南亚热带、近热带成分，如榕树、琼楠、厚壳桂、仪花、雅榕等。因此，这些植被的分布规律是生态观测网络构建考虑的重要因素。

贵州省地处于长江、珠江上游，是国家层面限制开发的重点生态功能区，是滇桂黔喀斯特石漠化防治区中石漠化最严重的省份，其生态建设与保护工作不仅关乎当地人民福祉，对"两江"下游地区的经济发展和生态建设同样有着直接的影响（徐宁，2013；陈丹，2016）。因此，贵州省森林生态系统定位观测研究网络的构建方法应有别于一般的山地和平原区森林生态系统，综合考虑的布局依据主要有生态区划、气候区划、植被区划、重点生态功能区划等指标。这些指标的具体含义如下。

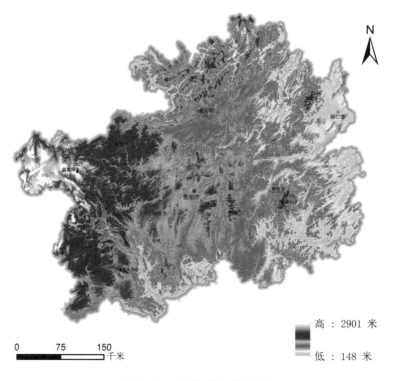

高：2901 米

低：148 米

0　75　150　千米

图 2-1　贵州省地貌概况

（一）生态区划指标

贵州省生态分区是从省级层次上针对不同区域生态发展和生产需求对全省进行的一个分区划定，综合了多方面的因素，可作为森林生态站的重点区划依据。根据贵州省的地形地貌、生产条件、植被类型等特征，将贵州省分为 5 个生态区（相当于全国生态区划中的三级区）和 10 个生态亚区（图 2-2）。主要包括：

I 东部湿润亚热带常绿阔叶林生态区：

I-1 黔东北中低山常绿阔叶林农业与水土流失控制生态亚区；

I-2 黔东南山地丘陵常绿阔叶林针叶林、农林业生态亚区。

II 中部湿润亚热带喀斯特脆弱生态区：

II-1 黔北山原中山常绿落叶阔叶混交林、农业与水土流失控制生态亚区；

II-2 黔中丘原盆地常绿阔叶林喀斯特脆弱生态亚区；

II-3 黔南山地盆谷常绿阔叶林与石漠化重点治理生态亚区；

II-4 黔西北中山针阔叶混交林土壤保持重点生态亚区。

III 北部湿润亚热带常绿阔叶林生态区：

III-1 黔北西部丹霞山地常绿阔叶林、竹林农林业生态亚区。

IV 西部半湿润亚热带针阔混交林、草山喀斯特脆弱环境生态区：

IV-1 黔西高原山地针阔混交林、草山农牧业生态亚区；

IV-2 黔西中山常绿阔叶林水土流失控制生态亚区。

V 南部干热河谷南亚热带季雨林生态区：

V-1 黔西南河谷季雨林水土流失控制生态亚区。

图2-2　贵州省生态分区示意

（二）气候指标

贵州省气候类型属于中亚热带高原湿润季风气候。由于所处纬度较低，海拔较高，山地多，受南下冷气团和北上暖气流的双重影响，气候凉爽、雨量充沛，但日照偏少、多阴雨天气，水热条件东西、南北差异明显。因此，对全省而言，气候是森林植被分异的主要因素之一，影响着植物的生理生态适应，是森林区域差异的主要自然因素。

由于贵州省最低年降水量高于400毫米，因此，降水量不是森林植被分异的主要决定因素，而不同地区温度、光照的差异对植被生理生态适应起着重要作用。积温及积温天数是影响植被物候、生产力等的重要因素之一。因此，将全省积温分为四个档次：3500~4400℃、4400~5000℃、5000~5700℃和5700℃以上。

（三）植被指标

影响植被分布的环境因子很多，归纳起来主要有气候、土壤、地貌、生物等。其中，水热条件的变化是影响植被分布的基本要素。森林生态站和观测点的选择既要涵盖主要的植被类型，如针叶林、阔叶林、针阔混交林，又要涵盖不同功能的林种和森林起源。根据全省森林资源清查及相关文献资料，贵州省的植被主要包括3个单元9个地区22个小区(黄威廉，1983；王孜昌等，2002)。

1. 贵州高原湿润性常绿阔叶林地带

本地带涵盖了全省中部及东部广大地区，为贵州高原向湘西丘陵过渡的斜坡地带，海拔800~1300米，总面积约占全省总面积的89%。本区年平均气温为14~18℃，年降水量为900~1300毫米，春夏多雨，水热分配较为均衡。地势西高东低，土壤类型主要为黄壤和黄红壤。

本区典型地带性植被为中亚热带常绿阔叶林。其他植被类型有常绿落叶混交林、落叶阔叶林、亚热带常绿针叶林、针阔混交林、竹林、灌丛和草坡等（黄威廉，1983）。具体可进一步划分为黔东低山丘陵常绿樟栲林、松杉林及油桐油茶林，黔东南中山峡谷具南亚热带成分常绿栎林松杉林，黔北山原山地常绿栎林马尾松林柏木林，黔中灰岩山原常绿栎林、常绿落叶混交林与马尾松林，黔南中山盆谷常绿栎林、马尾松林、柏木林，黔西北高原山地常绿栎林、云南松林、漆树及核桃林和川黔边缘常绿樟栲林、松杉林及毛竹林7个地区。主要种类构成以壳斗科、樟科、木兰科、山茶科、蔷薇科、杜鹃花科以及金缕梅科等中亚热带区系成分植物为主，特别常见栲属、青冈属、木莲属、樟属、桢楠属、楠木属、木荷属和蕈树属优势成分。针叶树主要为柏木、杉木、马尾松等。

2. 南亚热带具热带成分常绿阔叶林地带

该植被带包括罗甸、望谟、紫云、册亨、贞丰、安龙、兴义等县的南部，分布面积约占全省面积的4%。本区受印度洋和太平洋季风的影响，水热资源充足、干湿季节明显，年平均气温通常在20℃以上、年降水量1120~1270毫米。土壤类型主要为红壤土。

由于本区具有特殊的河谷地貌，热带种沿河谷向北分布，形成了南北盘江、红水河河谷走廊式的山地季雨林，主要成分为豆科、无患子科、楝科、桑科和桃金娘科的植物。西南部与滇桂交界的山坡一带，有较稳定的热带稀树草坡类型，常见乔木有木棉、山合欢、楹树、滇黄杞、千张纸等（黄威廉，1983）。

3. 云贵高原半湿润常绿阔叶林地带

本植被地带位于贵州省与云南省交界地带，包括威宁、盘县全境以及兴义、水城等市县部分地区，总面积约占全省总面积的 7%。本区受西南暖流的控制，年平均温度为 12~17℃，年降水量为 830~1270 毫米，夏季多雨，冬季有降雨和凝冻。本区为高原山地，海拔 1600~2000 米，土壤以红壤、黄壤、黄棕壤为主（王孜昌，2002）。

该区主要植被类型为半湿润常绿阔叶林、云南松林、华山松林、落叶阔叶林和山地灌草丛。具体可进一步划分为威宁盘县高原山地常绿栎林、常绿落叶混交林、云南松林和兴义燕塘高原中山常绿栎林、松栎混交林和云南松林 2 个小区。种类构成主要以壳斗科、樟科、胡桃科、杨柳科、蔷薇科、杜鹃花科的植物为主。针叶林多以云南松和华山松为主。

（四）重点生态功能区划指标

生态功能区划是在生态调查的基础上，分析区域生态环境特征、生态敏感性和生态系统服务功能空间分异规律，确定不同地域单元的主导生态功能，将空间划分为不同生态功能区（汤小华，2005；陈丹，2016），以生态健康和生态平衡为目的，最终构建具有空间尺度的生态系统服务框架体系（傅伯杰等，1999；欧阳志云等，2005；李建新，2007）。其区划结果将为政府有关部门进行生态环境发展规划和管理提供科学依据和参考服务。

本研究使用的重点生态功能区划指标主要基于生态系统服务的调节功能来确定，主要包括水源涵养、生物多样性保护和土壤保持功能三个类型（陈丹，2016）。具体而言，生态系统服务功能重要性评价是根据生态系统的结构、过程与生态系统服务的关系，按其对区域生态安全的重要程度分为一般重要、较重要、中等重要和极重要四个等级。重要生态功能区对区域生态安全具有不可替代的作用，陈丹（2016）等以生物多样性、水源涵养和土壤保持三类主导生态调节为基础，依据极重要性和较重要性，确定了全省 14 个重点生态功能区(表 2-1)。这些区域都是基于省域尺度上划定的比较重要的生态功能区和建立的森林生态定位观测网络布局进行空间分析，作为森林生态站的重要调查地区，并以此评价网络布局的合理性和科学性。

表 2-1　贵州省重点生态功能区

序号	重点生态功能区名称	水源涵养	生物多样性	土壤保持
1	关岭—贞丰—紫云土壤保持与水源涵养重要区	**		**
2	黔西南册亨—望谟生物多样性保护、水源涵养与土壤保持重要区	**	**	**
3	黔西南兴义—兴仁水源涵养与生物多样性保护重要区	*	*	
4	安顺—平坝水源涵养重要区	**		
5	花溪—乌当—白云生物多样性保护重要区		*	
6	黔东南凯里—从江—榕江—黎平水源涵养、土壤保持与生物多样保护重要区	**	**	**
7	丹寨—三都—独山土壤保持与水源涵养重要区	*	*	**

（续）

序号	重点生态功能区名称	水源涵养	生物多样性	土壤保持
8	天柱—锦屏土壤保持与水源涵养重要区	**	*	*
9	梵净山水源涵养、土壤保持、生物多样性保护重要区	**	**	**
10	赤水—习水水源涵养与生物多样性保护重要区	**	**	*
11	道真—正安土壤保持与生物多样性保护重要区		**	*
12	威宁草海水源涵养与生物多样性保护重要区	**	**	
13	黔西—织金水源涵养重要区	**	*	
14	茂兰喀斯特生物多样性保护与水源涵养重要区	**	**	*

注：陈丹（2016）。"*"代表该功能较重要；"**"代表该功能极其重要。

　　总之，根据布局的原则和依据，在每个有效分区内应至少布设一个长期定位观测站。如果该有效分区内已经存在森林生态观测站，则将已建站点纳入总体布局规划，不再单独新建站点；如果该有效分区内未建森林生态观测站，则考虑新建站点进行长期定位观测。在新建站点的情况下，优先考虑工程导向原则，即以生态功能区或林业重点工程分布区的中心位置来布设森林生态观测站。在没有生态功能分区或重点林业工程分布区的情况下，则直接在有效分区的中心位置布设站点。如果在未监测区及其附近区域有已建站点或该有效分区内某个区域具有显著代表性，则将其纳入网络布局规划。

三、布局方法

　　根据典型抽样的指导思想构建森林生态系统长期定位观测台站，需要充分体现森林生态系统的气候和区域性特点，结合空间分析方法，选择具有典型的和代表性的区域进行观测站点规划布局与定量评估，最终构建统一和科学合理的森林生态系统长期定位观测网络体系（丁访军，2011；郭慧，2014）。具体方法：根据规划区域的空间分异性规律，首先选择合适的指标体系构建贵州省的生态地理区划；然后通过重点生态功能区和生物多样性保护优先等约束条件形成贵州省的生态功能区划；最后在生态地理区划的基础上优先考虑重点生态功能区划建立全省森林生态系统定位观测网络布局的有效分区，在该分区内完成观测站点布设并进行精度评价，最终实现对全省森林生态系统定位观测站网的规划构建（王兵，2010；郭慧，2014，2015；王虎威等，2018）。

　　（一）数据来源

　　本研究的数据源包括气象数据（温度和降雨）、地形数据（数字高程模型，DEM）、植被区划数据、贵州生态功能区划数据、贵州省行政区划数据等。其中，气象数据来自国家气象信息中心（http://data.cma.cn/）的温度日值数据（1981—2016 年），30 米空间分辨率数字高程模型（DEM）来源于中国科学院计算机网络信息中心地理空间数据云平台（http://www.

gscloud.cn），植被区划数据来源于黄威廉（1988）的《贵州植被区划》及其植被图，贵州生态功能区划数据来源于《贵州生态功能区划修编2016》。行政区划数据来源于贵州省自然资源厅。

（二）指标体系

研究选择的指标体系主要是气候指标（温度）、植被指标、地形指标和生态功能区划指标，各指标的具体内容和含义参见布局依据。

气候指标：根据全省77个气象站多年气温日值数据，按年逐日平均气温大于或等于10℃的积温和积温天数，得到多年平均日值温度大于或等于10℃的积温和积温天数。选择大于10℃作为积温的统计界限，主要是因为多数植物的物候生长大于该温度界限。

植被指标：主要参考黄威廉等（1988）关于贵州植被区划的划分结果。植被本身的特征是主要划分依据，包括植被分布的纬度地带性、经度地带性和垂直地带性分布规律以及植被与当地环境条件的关系等所呈现出的区域分异性规律。

地形指标：选择30米分辨率的DEM数据，校正后将全省的地形区划为5个区：西部地区、中部地区、南部干热河谷地区、北部地区和东部低山丘陵地区。

生态功能区划指标：根据贵州省的地貌类型，结合植被特征，将贵州省分为5个生态区（相当于全国生态区划中的三级区），其下再划分为10个生态亚区。

（三）数据处理

利用贵州省77个气象站温度和降雨日值数据，通过Kriging法进行空间插值处理分析得到全省年积温、积温天数以及年降雨量空间分布数据；通过数字高程模型数据对地形区划数据进行校正；通过贵州省行政区划矢量数据，运用空间裁剪方法和地理配准获取贵州省温度、降雨、地形以及植被区划数据；通过对区划图层进行空间叠加分析和合并，实现全省观测网络布局的有效分区，并从不同的生态功能层次对其进行精度评价。对于栅格数据，进行重分类后转为矢量数据用于叠加分析。主要处理方法如下：

1. 空间插值

本研究根据多年平均气温、大于10℃积温及天数以及降雨量，对全省气候进行区划，以此作为布局森林生态定位观测站的依据之一。在温度区划分上，本研究采用克里金（Kriging）插值精度最高的球状变异函数进行空间插值（郭慧，2014）。球状变异函数公式如下：

$$\gamma(h) = \begin{cases} 0 & h=0 \\ C_0+C\left(\dfrac{3h}{2a}\right)-0.5\left(\dfrac{h}{a}\right)^3 & 0<h\leqslant a \\ C_0+C & h>a \end{cases} \qquad (2\text{-}1)$$

式中：C_0——块金效应值，用来描述区域化变量随机特征的体现，表示随机因素引起的空间异质性；

C——基台值，是区域化变量总体特征的体现，等于空间结构值和块金值之和；

a——变程，指变异函数在有限步长达到基台值时对应的步长，也叫做自相关距离；

h——空间滞后距离。

全省温度和积温天数进行空间插值后，通过自然间断（也称 Jenks 法）等方法，对全省有效积温和积温天数进行再分类，最终得到全省气候区划指标。

2. 合并标准指数

基于 ArcGIS 技术，通过球状变异函数的克里金插值法构建贵州省温度区划。如果温度指标图层与贵州省植被区划和生态区划指标图层完全重合，则重合地区被视为相对均质区域，从而实现贵州省生态地理区划。重叠后的区域计算合并标准指数（merging criteria index, MCI），判断该区域是否需要合并还是单独布局（高翔伟, 2016），以此构建目标靶区。MCI 计算公式如下：

$$MCI = \frac{\min\ (A_m - S_{i,}\ S_i)}{\max\ (A_m - S_{i,}\ S_i)} \times 100\% \tag{2-2}$$

式中：S_i——第 m 个植被分区中被切割的第 i 个多边形的面积，$i=1,2,3, \cdots, n$；

　　　n——植被分区被气候指标和生态分区指标切割的多边形个数；

　　　A——第 m 个植被分区的总面积。

如果 MCI 大于 60%，则该区域被切割作为独立的台站布局区域，成为目标靶区；目标靶区周围小于 60% 的破碎部则分采用长边合并原则合并到相邻地区（即合并至相邻最长边的区域中），未能完全合并的区域则为未监测区域。

3. 空间叠置分析

空间叠置（叠加）分析是地理信息系统中一项非常重要的空间分析功能，指在统一空间参考系统下，通过对两个或多个数据进行的一系列集合运算，产生新数据的过程，可用于提取空间隐含信息。多层数据的叠置分析，不仅仅产生了新的空间关系，还可以产生新的属性特征关系，能够发现多层数据间的相互差异、联系和变化等特征。该种分析方式包括逻辑的交、差、并等运算。就本研究而言，空间叠置分析的步骤主要包括以下几点：

一是根据贵州省植被、温度和生态地理区划结果，用 ArcGis 进行空间叠加分析构建网络规划的目标靶区，全部指标图层重叠的区域视为相对均质区域，根据 MCI 指数，合并长边后的区域确定为森林生态网络规划目标的有效分区。

二是根据有效分区，使用 ArcGis 工具盒中特征到点（feature to point）功能布局森林生态观测站点。

三是根据站点的布局原则和要求，最终完成贵州省森林生态系统定位观测研究站网的布局和构建（郭慧, 2015）。

4. 精度评价

在有效分区的基础上，选择重点水源涵养区、水土保持区、生物多样性保护区、喀斯特重点生态功能区和贵州省行政区划数据进行空间叠加分析，分别从森林、喀斯特生态区、水土保持区、水源涵养区和生物多样性保护区几个层次，对森林生态站网的监测范围进行空间分析和监测精度评价。采用相对误差法对各生态站网的面积监测精度进行评价，评价公式如下（郭慧，2015）：

$$P= [1-|(S-T)|T] \times 100\% \tag{2-3}$$

式中：P——监测精度；

　　　S——森林生态观测站可监测的面积；

　　　T——生态地理区划的总面积。

四、结果与分析

（一）温度区划与合并指数

1.温度区划

贵州省划分出的四个温度分区为温度分区Ⅰ，日均温度大于或等于10℃年均积温3400~4400℃，积温天数212~242天；温度分区Ⅱ，年均积温4400~5000℃，积温天数242~272天；温度分区Ⅲ，年均积温5000~5700℃，积温天数272~302天；温度分区Ⅳ，年均积温大于5700℃，积温天数302天以上。贵州省多年平均积温区划结果如图2-3所示。

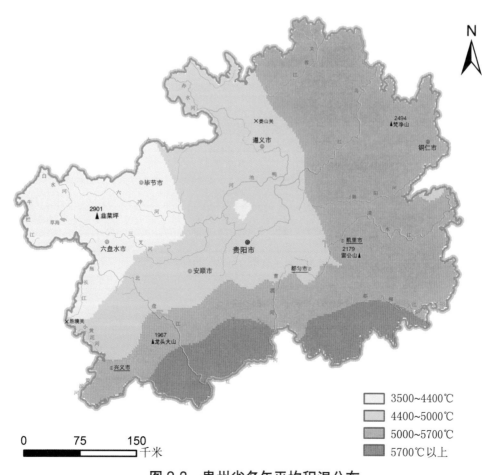

图2-3　贵州省多年平均积温分布

总体而言，贵州省大部分地区平均气温为 11~19℃。但由于地理环境的差异，各地的温度分布极不均匀，贵州省有三个高温区和一个低温区。三个高温区是南部的南北盘江—红水河谷至都柳江河谷一带，北部的赤水河谷及东北部的乌江河谷。其中，南北盘江—红水河谷由于接近北回归线，纬度较低，所以温度最高，年均温在 19℃ 以上，大于 10℃ 的活动积温可达 5700~7000℃，积温天数 329 天以上。低温区是贵州省的西北部威宁、大方一带，年均温为 10.5~11.9℃，大于 10℃ 多年平均活动积温 3400~4400℃，积温天数 215~254 天。其余地区，年均温 14~15℃，大于 10℃ 多年平均活动积温为 4700~5700℃（黄威廉，1983；王孜昌，2002），积温天数 254~283 天。贵州省多年平均降水量为 834~1488 毫米，西部少于东部，北部低于南部。

2. 合并标准指数

目标靶区合并标准指数（MCI）值计算结果见表 2-2。计算结果表明：除了ⅠA-3、ⅠA-5 和ⅠA-7 区的 MCI 值较低外，其余 7 个区均高于 70%，符合分区布局的标准。但考虑到 50%＜MCI 值＜70% 的三个区，区域特色和代表性都很强，因此，也进行了单独的分区布局。

表 2-2　贵州省森林生态站布局目标靶区合并指数计算结果

分区	原分区总面积（平方千米）	MCI值（%）
ⅠA-1a	11213.7	81.8
ⅠA-1b	11818.8	94.9
ⅠA-2	14773.8	70.8
ⅠA-3	36101.3	63.6
ⅠA-4	29901.4	86.8
ⅠA-5	23462.3	63.0
ⅠA-6	27455.3	76.1
ⅠA-7	3372.8	50.3
ⅠB-1	11762.3	90.4
ⅡA-1	6305.4	96.9

（二）精度评价

贵州省各森林生态站网络监测范围的估计精度如表 2-3 所示。各监测类型特点如下：

表 2-3　森林生态站网络布局监测类型面积估计精度

观测类型	ⅠA-1a (%)	ⅠA-1b (%)	ⅠA-2 (%)	ⅠA-3 (%)	ⅠA-4 (%)	ⅠA-5 (%)	ⅠA-6 (%)	ⅠA-7 (%)	ⅡA-1 (%)	ⅠB-1 (%)	总体精度 (%)
水土保持区	—	94.3	—	—	—	96.6	98.3	—	100	—	98.8
水源涵养区	—	—	—	98.8	99.4	96.6	98.0	—	100	—	98.8
生物多样性保护区	—	99.2	—	98.8	—	98.7	—	—	100	—	99.5
喀斯特生态功能区	—	96.0	—	—	99.4	93.6	95.5	—	98.7	99.8	97.9
森林	100	92.9	100	91.4	99.4	93.6	94.0	100	98.7	96.7	95.3

注："—"表示该区没有分布。

（1）全省森林面积监测的总体精度为 95.3%。监测精度较高的区域有ⅠA-1a、ⅠA-2、ⅠA-7，几乎达到了 100% 监测。这些区域地貌单一，森林资源相对丰富。监测精度最低区域是ⅠA-3 区，总体精度为 91.4%，该地区是黔中向黔北、黔东低山丘陵过渡地带，过渡区难以完全监测。

（2）重点喀斯特生态功能区监测的总体精度为 97.9%。重点喀斯特生态功能区监测区ⅠA-4、ⅠB-1 几乎达到了 100% 监测；监测面积相对最小的是ⅠA-5 区，监测精度为 93.6%，主要是因为该区受气候和地形的双重影响，植被类型丰富，地形起伏较大，相对破碎而难以完全监测。

（3）重点水土保持功能区监测的总体精度为 98.8%。监测精度较高的区为ⅡA-1 区和ⅠA-6 区，精度超过了 98%，主要是因为ⅡA-1 区为相对均质区域、ⅠA-6 区布设了两个监测站点，因此监测精度较高。监测精度较低的区为ⅠA-1b 区，为 94.3%，主要是因为该区是黔中高原山地向黔东南过渡区，地形变化较大，相对比较破碎。

（4）重点水源涵养功能区监测的总体精度为 98.8%。重点水源涵养功能区主要分布在黔北、黔中和黔西的喀斯特地区，其监测精度最低也达到了 96%。

（5）生物多样性保护功能区监测总体精度为 99.5%。对全省生物多样性功能区的监测，定位观测网络布局几乎达到了 100% 全覆盖。

总体来看，倘若在所有目标分区内布设森林定位观测站，全省水土保持区、水源涵养区、生物多样性保护区、重点喀斯特生态功能区和森林的总体监测精度分别达到 98.8%、98.8、99.5%、97.5% 和 95.3%，说明该目标分区划分较为合理和科学，可以为全省森林生态系统定位观测网络的布局建设提供参考依据。

（三）分区布局

通过 GIS 空间叠置分析，将全省植被、温度和生态功能区划三个图层指标进行叠置，

完全重合的部分被视为相对均质的区域，根据合并原则得到 10 个目标靶区；再将较为破碎化的边缘部分合并到相邻较大的部分（郭慧，2015），共得到 10 个有效分区，结果如图 2-4 所示。图中不同颜色代表不同的分区，红色点代表每个区域的中心位置。10 个有效分区总体特征如下：

1. Ⅰ A-1a 区

本区位于贵州省东部，主要包括铜仁大部分地区。地势上西高东低，穹窿状抬升十分强烈，使以梵净山为主峰的武陵山脉成为分水岭，以西为乌江水系，以东为沅江水系。由于河流的切割，在梵净山、雷公山地区，谷深山高，相对高差有的达 600 米以上，形成中山峡谷地貌。其余大部分地区起伏变化不大，海拔大都在 800~1000 米。本区白云岩及白云质灰岩广泛分布，在长期风化作用下，形成较厚的红色风化壳，土壤呈酸性反应，土壤类型多为红黄壤及耕作土类的各种黄泥。

由于自然条件复杂，高温多雨，典型植被为亚热带常绿樟栲林，特别是在梵净山地区，即使在海拔 1400 米以上，仍然生长着较好的原生植被。发育的植被为湿润性常绿阔叶林，植被的垂直分布明显。在梵净山地区，海拔从低到高，植被分布为常绿阔叶林、常绿落叶混交林、落叶林、灌丛矮林和灌丛草甸；代表性植物有大叶栲、红栲、甜槠、米槠、青冈、水青冈、贵州杜鹃等。

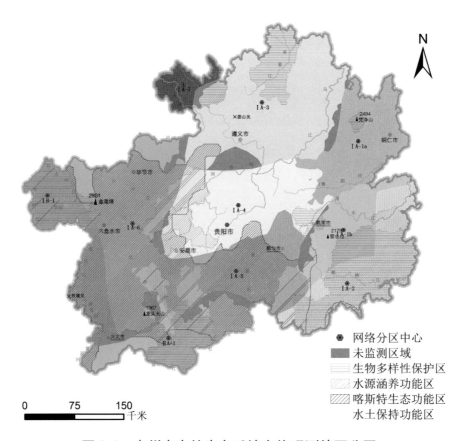

图 2-4　贵州省森林生态系统定位观测站网分区

2. ⅠA-1b 区

本区位于贵州省东南部，黔东南大部分地区及铜仁南部少数区域。南部苗岭山脉呈东北—西南走向，主峰雷公山为清水江和都柳江的分水岭。由于河流的切割，谷深山高，相对高差有的达600米以上，形成中山峡谷地貌。其余大部分地区起伏变化不大，海拔大都在800~1000米。本区白云岩及白云质灰岩广泛分布，在长期风化作用下，形成较厚的红色风化壳，土壤呈酸性反应，土壤类型多为红黄壤及耕作土类的各种黄泥。

由于自然条件复杂，高温多雨，典型植被为亚热带常绿樟栲林，特别是在雷公山地区，即使在海拔1400米以上，仍然生长着较好的原生植被。发育的植被为湿润性常绿阔叶林，植被的垂直分布明显。在雷公山地区，海拔1300米以下为常绿阔叶林，1300~1850米为常绿落叶混交林，1850米以上为落叶阔叶林；代表性植物有甜槠、木荷、石栎、木莲、亮叶水青冈、枫树、槭树等。在锦屏、天柱、黎平一带，分布有大面积的杉木、马尾松，都柳江流域是杉木的适生中心。经济林以油茶、油桐为主。

3. ⅠA-2 区

本区位于贵州省东南部，包括从江、荔波的大部分地区，以及黎平、榕江、三都、独山等县的大部分。地貌上为贵州高原向湖南、广西丘陵盆地过渡地区，地势中部高、东西低，中部月亮山海拔高达1550米，到都柳江河谷盆地，如榕江仅260米。本区土壤东部多为红黄壤，西部为黄壤、黑色石灰土等。

由于本区海拔较低，纬度偏低，水热条件良好，年均温可达18℃，因此，植被类型为具南亚热带成分的常绿栎林，林中可见其他地区少见的南方种类，如蒺藜栲、罗浮栲、岭南石栎等。木兰科成分也大量增加，常有薹树、伞花木、红豆、杜英、猴欢喜等。本地区森林植被以月亮山保存较好，由于岩溶地貌发育，可见石灰岩植被类型。

4. ⅠA-3 区

本区位于贵州省北部，东与ⅠA-1区相连，南为ⅠA-4区，具体包括遵义地区大部和铜仁地区的西部以及毕节东北部地区。区内有娄山山脉自东向西延绵过境，山川相连，山体较高，一般山峰高1300~1500米，地形以丘陵、盆地和低山为主，海拔多在800~1200米之间。南部乌江河谷纵深，相对高差可达500米以上。本区土壤以黄壤、黄棕壤为主，少见石灰土、紫色土等。

植被由于地形、气候复杂而种类繁多、类型多样。本区原生植被为中亚热带常绿阔叶林，但受农业的影响仅在偏远山区零星分布，种类组成以壳斗科、樟科、山茶科、杜鹃花科、冬青科等为主，常见白锥、栲、甜槠、峨眉栲等，常有马尾松、柏木等进入而形成针阔混交林。经济林以漆树、乌桕、杜仲、茶等为主。

5. ⅠA-4 区

本区位于贵州省中部，包括黔东南西部、黔南北部、安顺地区大部分和贵阳市。在大地构造上，本区形态宽缓曲折，岩层平缓，断裂发育。区内海拔大多在1100~1300米，山岭低缓，为山原地貌。地带性土壤为黄壤，亦有黑色石灰土和紫色土分布。

本区温和湿润气候是贵州省的典型代表，代表性植被是石灰岩常绿阔叶林。东部砂页岩上有红栲、大叶栲为主的湿润性常绿阔叶林，石灰岩上的代表性物种有小叶青冈、青冈、多脉青冈、乌冈栎、天竺桂、云南樟、香叶树、女贞等。还有次生马尾松林分布，多与阔叶树混生。

6. ⅠA-5区

本区为贵州省中南部，包括黔南地区的独山县、平塘县、惠水县、长顺县，安顺地区的紫云、关岭及都匀、三都、望谟、罗甸等县的部分地区。地貌上，一般北高南低，海拔多在900~1200米之间，北部边界一带为苗岭山脉。中部及南部以山地、丘陵为主，其间分布有大小不等的山间盆地，海拔可低至700米。本区喀斯特地貌广泛发育，地面有落水洞、漏斗、洼地、峰林等，地下则发育有溶洞和暗河。土壤岩溶区以黑色石灰土、棕色石灰土为主，非岩溶区则以黄壤、红黄壤为多。

本区具有山区亚热带气候的特点，植被类型以石灰岩植被为主，常绿阔叶林中常见青冈栎、细叶青冈、棕榈、红果楠等；针叶林有柏木疏林分布，常与杉木、枫香树、响叶杨、黄连木、女贞等混生。

7. ⅠA-6区

本区位于贵州省西部，包括毕节、大方、赫章、纳雍、水城、六枝、晴隆、普安、兴仁等县。地形上为从东部贵州高原向西部云南高原的过渡地带，地势北高南低，逐渐向广西丘陵倾斜。境内地形复杂、起伏大、切割深，形成高达2800米的山地和1500米的中山，河流两岸多为丘陵及河谷低坝。地带性土壤为黄壤，其次有棕色森林土和少量石灰土、紫色土分布。

本区植被表现出明显的过渡性。在海拔1100~1300米的高原上，有残存较好的常绿栎林分布，其次还有樟科成分，如大叶樟、黄肉楠、楠木等。在石灰岩地区，则是以青冈、细叶青冈、黄榿、朴树、女贞等为主的常绿阔叶林。本地区还有大面积的次生针叶林，以马尾松为主。海拔1600米以上常有常绿落叶混交林分布。

8. ⅠA-7区

本区位于贵州省北部，与四川省相连，包括赤水县和习水县北部地区。在地势上，是贵州高原向四川盆地下降的斜坡地带，地势东南高、西北低，大部分海拔在500~1200米之间。丹霞地貌是本区最重要的特征。地带性土壤为黄壤，其次有紫色土、红黄壤。

本区植被以常绿栎林和常绿落叶混交林为主，但又有较大面积的毛竹林和松杉林。常绿林是以白锥为主的栎林，分布在海拔1000~1200米的平顶山上；毛竹林分布在海拔500~900米的低山地区，以赤水一带最为集中，群落结构简单，林下灌木不发达。此外，还有小面积的马尾松林和杉木林。

9. ⅡA-1区

该区域内地势西北部高、东南部低，北部望谟一带海拔800米左右，至盘江、红水河一带已降至500米，东部罗甸红水河双江口则只有250米。主要植被类型为南北盘江、红水河河谷山地季雨林和常绿栎林地区，总面积约6305平方千米，占全省总面积的3.6%。本区气候干湿季节明显、雨量充沛、光照充足，年平均温度在20℃左右，年降水量1100毫米。地带性土壤为红壤。

10. ⅠB-1区

该区域包括威宁盘县高原山地常绿栎林、常绿落叶混交林、云南松林和兴义燕塘高原中山常绿栎林、松栎混交林云南松林两个小区。该区总面积约1.18万平方千米，占全省总面积的6.7%。本区在新构造运动作用下，海拔高度不断抬升，北部威宁大部分为海拔2000米以上的高原面，南部兴义境内多为1200~1500米的山地，地形起伏较大。本区受印度洋西南季风的影响，干湿季节分明，年平均温度在10~17℃，年降水量在960~1200毫米，夏季多雨。地带性土壤以黄棕壤和黄壤为主，土层深厚，南部河谷地带有红壤分布。本地区的地带性植被类为半湿润常绿林，树种以滇锥栗、滇黄栎、滇青冈、白栎、云南樟、木荷等为主；落叶树种有滇杨、云南柳、朴树、桤木等；针叶树种以云南松、华山松为主。

综上，根据分区特征，倘若在有效分区内构建森林生态定位观测站，可以有效监测该区域内相对均质的部分，但不能完全监测破碎化的部分（图2-4）。出现这种情况，主要是由于贵州的地势由西分别向北、东和南三面倾斜，境内垂直差异相当显著（黄威廉，1983）。黔西地区海拔在1800~2800米以上，平均海拔2200米；黔东地区为低山丘陵，多数海拔在750~1080米，最低海拔不足150米；中部大部分山地海拔在1080~1444米之间。在森林生态站网未能监测区域内，地形起伏较大，植被类型复杂多样而呈现多样化、破碎化的小生境特点，代表性不强，如黔西向黔中的过渡区域、黔中向黔北和黔东南的过渡区域，均表现为非均质特征，地貌、植被和温度图层难以完全叠加，过渡特征明显。因此，在网络观测站点的具体布局上，还需要进一步考虑区域特点和未能监测的过渡区。基于此，贵州省森林生态系统定位观测研究网络在10个有效分区内，共需要建设13个生态站才能满足森林生态系统的定位观测研究需求。站址分别位于赤水、绥阳、威宁、纳雍、惠水、册亨、江口、施秉、雷山、黎平、荔波、开阳和普定13个县(图2-5)。各个森林生态站站点的具体情况见表2-4。

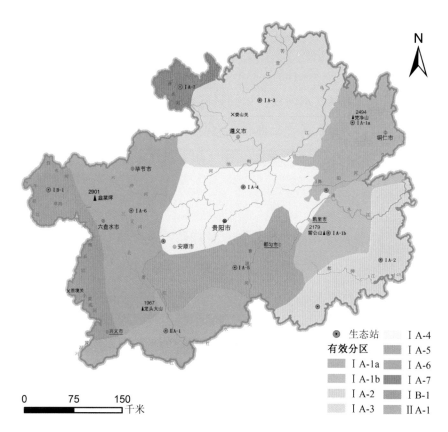

图 2-5　贵州省森林生态系统定位观测站网站点布局

表 2-4　贵州省森林生态系统定位观测网络站点信息

分区	站点所在地	自然条件与主要植被
ⅠA-1a	江口县	山地、丘陵、低山；红黄壤；常绿栲林、樟栲林、马尾松林
ⅠA-1b	雷山县	山地、低山；红黄壤、红壤；常绿栲林、樟栲林、杉木林
ⅠA-2	黎平县	山地；红黄壤、黄壤、黑色石灰土；樟栲林、杉木林、马尾松林
ⅠA-2	荔波县	低山丘陵；黄壤、黑色石灰土；常绿樟栲林
ⅠA-3	绥阳县	丘陵、山地、峡谷；黄壤土、紫色土；常绿栎林、柏木林
ⅠA-4	施秉县	丘陵、山地；黄壤、黑色石灰土、紫色土；常绿栎林、马尾松林
ⅠA-4	开阳县	山地高原；黄壤等；常绿栎林、马尾松林、常绿落叶混交林
ⅠA-5	惠水县	中山；黑色石灰土、棕色石灰土、黄壤；常绿栎林、马尾松林
ⅠA-6	纳雍县	高原山地；黄壤、棕色森林土等；常绿栎林、云南松林
ⅠA-6	普定县	山原；黄壤、石灰土等；常绿栎林、常绿落叶混交林
ⅠA-7	赤水市	中山、峡谷；黄壤、紫色土等；樟栲林、松杉林、毛竹林
ⅡA-1	册亨县	中山、河谷；红壤；季雨林、常绿阔叶林、稀树灌丛
ⅠB-1	威宁县	高原山地；黄棕壤、黄壤；常绿栎林、云南松林

第三节　森林生态连清监测网络建设及特点

一、网络建设

森林生态站是重要的野外观测研究平台，主要开展森林生态系统的水、土、气、生等生态要素长期定位观测，揭示森林生态系统的结构、功能及其演变规律，以及生态系统的生态过程等，其主要任务是"监测、研究、示范"。而监测网络建设是开展联网观测研究，揭示生态系统生态过程时空分异规律及分布格局，获取大量生态要素数据，提高森林生态系统服务功能评估科学性、准确性等的基础和关键，因此，森林生态站网建设至关重要。贵州省森林生态系统监测网络建设分为三个部分：一是国家级站点的建设；二是省级站点的建设；三是重点林业生态建设工程监测网点建设。

（一）国家级观测站点建设

从 2001 年第一个国家级森林生态站［贵州喀斯特森林生态站（开阳）］建站开始，贵州省就持续推进生态站网建设（表 2-5）。2005 年申请建设贵州荔波喀斯特森林生态系统国家级定位观测研究站（包括原贵州喀斯特森林生态站开阳站区），2014 年申请建设贵州梵净山森林生态系统国家级定位观测研究站和贵州雷公山森林生态系统国家级定位观测研究站。目前，国家林业和草原局在贵州省已批准建设布局了关于森林类型的国家级定位观测站 3 个。按照贵州省森林生态系统定位观测研究网络的规划布局，在这些观测站点中，梵净山站、雷公山站和荔波茂兰喀斯特站（开阳站区）分别位于有效分区 I A-1a、I A-1b 和 I A-4 区的中心位置附近。因此，这几个观测区不需要再建设新的观测站点。

荔波喀斯特站茂兰站区，由于其喀斯特森林在同纬度地区非常罕见，分布面积广、集中连片、原生性较强，被人们称为"地球腰带上的绿宝石"，森林植被主要生长在白云岩和石灰岩上，土壤极少，70%~80% 以上的岩石裸露，只有在洼地和谷地底部有浅薄的土层，在一些石沟石缝中积留着零星的腐殖土。在这样的生存环境下，树木的根系只能长在石沟石缝中，土壤缺少水分，使很多树木还没有到达其生理寿命年龄就因缺水而死，或者因为根系固着不稳而翻蔸死亡。因此，这一地区由于其森林的原生性和典型性，具有重要研究价值，需要单独布设定位观测站，且该站区位于监测网络规或布局的 I A-2 分区，所以荔波喀斯特站茂兰站区纳入该区域的主要观站点。

2011 年申请建设贵州普定石漠生态系统国家级定位观测研究站，2014 年申请建设贵州黎平石漠生态系统国家级定位观测研究站。虽然普定和黎平石漠生态系统定位观测站属于荒漠类型，但其野外观测设施的布局、观测样地建设和类型等很多均涉及森林生态系统，特别是所采用的观测指标体系与方法，与本省森林生态系统类型观测站基本相同，而且这两个观测站位置处于不同的过渡区域，具有不同程度的石漠化特征，故也将其统一纳入全省森林生态站观测网络规划构建的布局范围。由于黎平石漠生态站黎平站区基本位于有效分区 I A-2

区的中心位置，因此，该站纳入这个区域观测站建设，作为对该区域森林生态系统定位观测研究站的补充。普定石漠站和黎平石漠站施秉站区，分别处于黔西向黔中、黔中向黔东南的过渡区域，具有一定的代表性和过渡性特征，且多为未监测区，因此，将其纳入站点的布局范围，作为对全省森林生态站观测网络体系的重要补充。

表2-5　贵州省国家级生态站分布及基本情况

分区	所在地	自然条件与主要植被	固定样地监测类型
ⅠA-1a	江口县	山地；黄壤、棕色森林土等；常绿栎林、云南松林	杉木林，原生性常绿阔叶林，梵净山冷杉林等
ⅠA-1b	雷山县	中山、峡谷；黄壤、紫色土等；樟楠林、松杉林、毛竹林	马尾松林，杉木林，华山松林，常绿阔叶林，落叶阔叶林，灌木林，秃杉中龄林，秃杉+甜槠栲+丝栗栲针阔混交林等
ⅠA-2	荔波县	中山；黑色石灰土、棕色石灰土、黄壤；常绿栎林、马尾松林	马尾松幼龄林、中龄林、成熟林，灌草、灌木林、乔灌林、原生性常绿落叶阔叶林，针阔混交林，经济林等
ⅠA-2	黎平县	高原山地；黄棕壤、黄壤；常绿栎林、云南松林	杉木幼龄林、中龄林和成熟林，针阔混交林，喀斯特灌木林，马尾松中龄林，柏木林，落叶阔叶林等
ⅠA-4	开阳县	丘陵、山地、峡谷；黄壤土、紫色土；常绿栎林、柏木林	常绿落叶混交林，落叶阔叶林，马尾松+丝栗栲、马尾松+枫香针阔混交林，针叶混交林，柏木中龄林，柳杉幼龄林、中龄林，马尾松幼龄林、中龄林、近熟林和成熟林，杉木幼龄林、中龄林、成熟林，灌木林
ⅠA-4 ⅠA-6	普定县	中山、河谷；红壤；季雨林、常绿阔叶林、稀树灌丛	喀斯特灌木林，滇楸林，香椿林，滇柏林，落叶阔叶混交林，经济林等
ⅠA-4 ⅠA-1a	施秉县	山地；黄棕壤、黄壤；常绿栎林、云南松林	马尾松中龄林、成熟林，喀斯特灌木林，柏木中龄林，马尾松+柏木针叶混交林，落叶阔叶林，常绿落叶阔叶混交林，马尾松+化香针阔混交林，竹林等

（二）省级观测站点建设

根据贵州省森林生态系统定位观测研究网络统一布局结果，以及森林生态站站点位置选择标准，在有效分区ⅠA-3、ⅠA-5、ⅠA-7、ⅠA-6、ⅡA-1和ⅠB-1内，需要在其中心位置布设定位观测站，才能满足森林生态系统长期定位观测的要求。根据原贵州省林业厅的统一安排，以"贵州省森林生态效益监测与评估"项目为基础，辅以其他生态监测项目，统筹推进这些区域生态站建设工作。依据林业行业标准《森林生态系统定位研究站建设技术要求》（LY/T 1626—2005），以及这些区域的主要林分类型、龄组等建立固定样地。目前这些区域生态站建设的本底情况见表2-6。

表2-6　贵州省省级生态站分布及基本情况

分区	所在地	自然条件与主要植被	固定样地监测类型
ⅠA-3	绥阳县	丘陵、山地、峡谷；黄壤土、紫色土；常绿栎林、柏木林	落叶阔叶林，针阔混交林，竹林，马尾松成熟林，灌木林
ⅠA-5	惠水县	中山；黑色石灰土、棕色石灰土、黄壤；常绿栎林、马尾松林	马尾松中龄林、成熟林，柏木中龄林，常绿落叶阔叶林，针阔混交林，灌木林
ⅠA-6	纳雍县	高原山地；黄壤、棕色森林土等；常绿栎林、云南松林	常绿阔叶林、常绿落叶阔叶混交林、落叶阔叶林，针阔混交林，柳杉中龄林、成熟林，马尾松中龄林、成熟林，灌木林
ⅠA-7	赤水市	中山、峡谷；黄壤、紫色土等；樟楠林、松杉林、毛竹林	马尾松中龄林和成熟林，杉木中龄林和成熟林，楠竹林和杂竹林，常绿落叶阔叶林，针阔混交林，灌木林
ⅡA-1	册亨县	中山、河谷；红壤；季雨林、常绿阔叶林、稀树灌丛	杉木中龄林、成熟林，柏木林中龄林，马尾松中龄林、成熟林，桉树林，针阔混交林，落叶阔叶林，灌木灌林
ⅠB-1	威宁县	高原山地；黄棕壤、黄壤；常绿栎林、云南松林	云南松幼龄林、中龄林和成熟林，华山松幼龄林、中龄林和成熟林，针阔混交林

（三）林业重点生态工程监测站网建设

重大林业生态工程产生的综合效益需要用科学的方法、翔实的数据材料来评价。为系统、全面、准确地评价重大林业工程建设取得的成效，从2001年开始，贵州省林业科学研究院陆续开展了退耕工程、珠防工程、天保工程和石漠化工程治理等重点林业生态建设工程的综合效益监测与评价工作，各工程分别选择典型区域和代表性类型建立了固定样地、径流场、气象站和测流堰等观测设施，从而补充和完善了贵州省森林生态连清监测网络。到目前为止，贵州省重点林业生态工程共建立固定监测样地500多个（表2-7），全省各重点监测区域几乎均有分布。另外，还根据专项工作安排，建立了生物量、土壤调查样地2000多个（表2-8、图2-6）。其中，杉木林359个、马尾松林293个、柏木林107个、华山松林91个、云南松林111个、软阔叶林191个、硬阔叶林128个、针阔混交林96个、阔叶混交林128个、针叶混交林65个、毛竹林60个、其他杂竹林58个、喀斯特灌木林62个、非喀斯特灌木林63个，生物量调查样地1800多个。土壤调查样地主要包括马尾松、华山松、柏木、云南松、杉木等针叶林样地共90个，阔叶林样地54个，针阔混交林样地20个，灌木林地25个，竹林等其他样地20个，土壤调查样地200多个。土壤调查样地中，幼龄林、中龄林、近熟林、成熟林和过熟林监测样地总计约170个。这些固定监测样地（监测点）涉及的植被类型涵盖全面，对获取贵州省森林生态系统生态要素基础数据，服务林业生态工程建设起到了非常重要的支撑作用。

表 2-7　贵州林业生态工程生态效益监测网络建设

分区	所在县	工程类型	主要监测植被类型
ⅠA-1a	碧江区	退耕工程	马尾松+杨树针阔混交林，马尾松+杉木+杨树针阔混交林
	梵净山	天保工程	马尾松+丝栗栲针阔混交林，常绿阔叶林，常绿落叶阔叶混交林
ⅠA-1b	三都县	珠防工程	湿地松中龄林，湿地松+麻竹林，湿地松+楠竹林，灌木林
	丹寨县	退耕工程	楠竹林，灌木林
ⅠA-2	荔波县	珠防工程	马尾松中龄林，马尾松+枫香针阔混交林，灌木林
	黎平县	天保工程	杉木幼龄林、中龄林和成熟林，马尾松成熟林，马尾松+杉木针叶混交林、马尾松+杉木+香樟针阔混交林，落叶阔叶林，常绿落叶阔叶混交林，灌木林
	黎平县	退耕工程	杉木幼龄林、中龄林，桤木落叶阔叶林，楠竹林
ⅠA-3	遵义龙坝	小流域	灌草丛
	习水县	退耕工程	柳杉+厚朴+香椿针阔混交林，马尾松+杜仲+厚朴针阔混交林，刺槐林，厚朴阔叶林
	习水县	天保工程	常绿落叶阔叶混交林，福建柏+海南五针松+丝栗栲针阔混交林，福建柏+马尾松+枫香针阔混交林，落叶阔叶林
	沿河县	小流域	落叶阔叶林，柏木中龄林
	沿河县	天保工程	马尾松中龄林、成熟林，柏木中龄林，常绿阔叶林，落叶阔叶林，马尾松+枫香针阔混交林，灌木林
ⅠA-4	开阳县	天保工程	马尾松幼龄林、中龄林和成熟林，柏木幼龄林、中龄林和成熟林，杉木幼龄林、中龄林和成熟林，常绿落叶阔叶混交林，落叶阔叶林，马尾松+枫香+白栎针阔混交林，喀斯特灌木林
	开阳县	退耕工程	马尾松+杉木+柳杉针叶混交林，马尾松+柳杉+桦木针阔混交林，马尾松+柏木+栾树针阔混交林，柳杉+刺槐+香樟针阔混交林
	开阳杠寨	小流域	马尾松中龄林、成熟林，华山松成熟林，马尾松+华山松幼龄林、中龄林和成熟林，柳杉幼龄林，柏木幼龄林，落叶阔叶林，柳杉+刺槐针阔混交林，灌木林
	清镇王家寨	小流域	杉木+柏木针叶混交幼龄林，落叶阔叶林，柏木幼龄林，灌木林
	黔西县	退耕工程	马尾松+杨树+檫木针阔混交林，马尾松+楸树针阔混交林，马尾松+藏柏+楸树针阔混林，马尾松+华山松+楸树针阔混交林，马尾松+柳杉+香樟针阔混交林，柳杉中龄林
	普定县	天保工程	常绿落叶阔叶混交林，落叶阔叶林，柏木幼龄林、中龄林和成熟林，杉木+光皮桦+青冈针阔混交林

（续）

分区	所在县	工程类型	主要监测植被类型
I A-5	关岭县	退耕工程	柏木+香椿针阔混交林，落叶阔叶林，杉木幼龄林
	关岭县	珠防工程	柏木幼龄林、中龄林，柏木+毛桃针阔混交林，滇柏+女贞+香椿针阔混交林，喀斯灌木林
	关岭享乐	小流域	柏木+女贞针阔混交林，杉木+光皮桦针阔混交林，杉木+麻栎针阔混交林，柳杉幼龄林和中龄林，柏木幼龄林和成熟林，杉木中龄林，落叶阔叶林，灌木林
	惠水县	珠防工程	马尾松中龄林，柏木中龄林，灌木林
	龙里县	退耕工程	马尾松+火炬松+桦木针阔混交林，杉木+香椿针阔混交林，马尾松+杉木+桦木针阔混交林
	麻江县	退耕工程	杉木+楠竹，杉木+香椿针阔混交林，楠竹林，落叶阔叶林，杉木幼龄林和中龄林
	都匀市	天保工程	常绿落叶阔叶混交林，马尾松幼龄林、中龄林和成熟林，马尾松+枫香+白栎针阔混交林，喀斯特灌木林
	独山县	珠防工程	马尾松幼龄林、中龄林、近熟林和成熟林
I A-6	水城县	天保工程	落叶阔叶林，柳杉幼龄林、中龄林，华山松中龄林、成熟林，灌木林，云南松+柳杉+华山松针叶林，云南松+细叶青冈针阔混交林，杉木中龄林、成熟林等
	水城县	退耕工程	柳杉幼龄林、中龄林，柳杉+杉木+桦木针阔混交林，杉木中龄林，经济林
	大方县	退耕工程	柳杉中龄林、成熟林
	大方县	天保工程	常绿落叶阔叶混交林，云南松中龄林，落叶阔叶林，云南松+杉木针叶林，华山松成熟林，云南松+青冈针阔混交林，喀斯特灌木林
	毕节石桥	小流域	灌草丛、荒山荒坡
I A-7	赤水市	天保工程	楠竹林，杉木中龄林，马尾松成熟林，常绿阔叶林，常绿落叶阔叶混交林，杉木+丝栗栲针阔混交林
	赤水市	退耕工程	楠竹林，慈竹林，其他竹林
II A-1	望谟县	退耕工程	湿地松幼龄林、中龄林，杉木中龄林，落叶阔叶林
	罗甸县	珠防工程	麻竹林，杉木中龄林，落叶阔叶林，马尾松中龄林、喀斯特灌木林
	贞丰县	珠防工程	滇柏幼龄林、中龄林，杉木幼龄林，喀斯特灌木林，经济林
	兴义县	珠防工程	滇柏幼龄林、中龄林，杉木幼龄林，喀斯特灌木林
	册亨县	珠防工程	杉木中龄林、成熟林，落叶阔叶林，喀斯特灌木林
	贞丰县	小流域	落叶阔叶林，喀斯特灌木林
I B-1	盘县	珠防工程	柏木+马尾松针叶混交林，滇柏中龄林，马尾松中龄林，华山松中龄林，杉木+光皮桦针阔混交林，喀斯特灌木林

表 2-8　贵州省生物量、土壤调查固定样地建设

分区	所在地	固定样地类型	主要监测植被类型
ⅠA-1a	岑巩县	生物量土壤	柏木林，经济林，落叶阔叶林，常绿阔叶林，常绿落叶阔叶混交林，马尾松林，杉木林，灌木林，针叶混交林
	江口县		落叶阔叶林，常绿阔叶林，常绿落叶阔叶混交林，马尾松，灌木林，杉木林，经济，针阔混交林，针叶混交林，竹林
	石阡县		柏木林，杂竹林，落叶阔叶林，常绿阔叶林，常绿落叶阔叶混交林，马尾松林，灌木林，针阔混交林，针叶混交林
	松桃县		柏木林，经济林，落叶阔叶林，常绿阔叶林，常绿落叶阔叶混交林，马尾松林，灌木林，杂竹林，杉木林，针阔混交林，针叶混交林
	铜仁市		柏木林，杂竹林，经济林，马尾松林，落叶阔叶林，杂竹林，针叶混交林
	万山特区		经济林，马尾松林，灌木林，针叶混交林
	印江县	生物量	经济林，马尾松林，灌木林，落叶阔叶林，杉木林，针阔混交林，针叶混交林
	玉屏县		马尾松林，灌木林，经济林
	镇远县		柏木林，落叶阔叶林，常绿阔叶林，常绿落叶阔叶混交林，经济林，马尾松林，灌木林，杉木林，针叶混交林，竹林
ⅠA-1b	丹寨县	生物量土壤	经济林，落叶阔叶林，常绿阔叶林，常绿落叶阔叶混交林，马尾松林，杉木林，针阔混交林，针叶混交林
	剑河县		杂竹林，落叶阔叶林，常绿落叶阔叶混交林，马尾松，灌木林，杉木林，针阔混交林，针叶混交林
	三穗县		常绿落叶阔叶混交林，落叶阔叶林，常绿阔叶林，马尾松林，灌木林，杉木林，经济林
	台江县		常绿落叶阔叶混交林，落叶阔叶林，常绿阔叶林，经济林，马尾松林，灌木林，杉木林
ⅠA-2	从江县	生物量土壤	常绿落叶阔叶混交林，落叶阔叶林，常绿阔叶林，马尾松林，毛竹林，灌木林，杉木林，经济林，针阔混交林，针叶混交林
	锦屏县		常绿落叶阔叶混交林，落叶阔叶林，经济林，马尾松林，灌木林，杉木林，针阔混交林
	黎平县		常绿落叶阔叶混交林，落叶阔叶林，常绿阔叶林，经济林，马尾松林，毛竹林，灌木林，杉木林，针阔混交林，针叶混交林
	荔波县		常绿落叶阔叶混交林，落叶阔叶林，常绿阔叶林，经济林，马尾松，灌木林，杉木林，针阔混交林
	榕江县		常绿落叶阔叶混交林，落叶阔叶林，常绿阔叶林，经济林，马尾松林，灌木林，杉木林，针阔混，针叶混交林
	天柱县		常绿落叶阔叶混交林，落叶阔叶林，常绿阔叶林，经济林，华山松林，杂竹林，毛竹林，杉木林，针阔混交林，针叶混交林

（续）

分区	所在地	固定样地类型	主要监测植被类型
ⅠA-2 ⅠA-5 ⅠA-1b	三都县	生物量 土壤	经济林，常绿落叶阔叶混交林，落叶阔叶林，常绿阔叶林，马尾松林，杉林，针阔混交林，针叶混交林
ⅠA-3	道真县	生物量 土壤	柏木林，常绿落叶阔叶混交林，落叶阔叶林，常绿阔叶林，马尾松林，灌木林，杉木林，针阔混交林，针叶混交林
	凤冈县		柏木林，经济林，常绿落叶阔叶混交林，落叶阔叶林，马尾松，灌木林，杂竹林，杉木林，针阔混交林，针叶混交林
	金沙县		柏木林，华山松林，常绿落叶阔叶混交林，落叶阔叶林，马尾松林，灌木林，针阔混交林，针叶混交林
	湄潭县		经济林，常绿落叶阔叶混交林，落叶阔叶林，马尾松林，灌木林，杉木林，针叶混交林
	仁怀县		柏木林，马尾松林，灌木林，经济林
	绥阳县		经济林，柳杉林，马尾松林，灌木林，常绿落叶阔叶混交林，落叶阔叶林，杉木林，针阔混交林，针叶混交林
	桐梓县		柏木林，经济林，常绿落叶阔叶混交林，落叶阔叶林，马尾松林，灌木林，杂竹林，杉木林，针阔混交林
	务川县		常绿落叶阔叶混交林，落叶阔叶林，常绿阔叶林，马尾松林，，灌木林，杂竹林，杉木林，经济林，针阔混交林，针叶混交林
	正安县		杂竹林，常绿落叶阔叶混交林，落叶阔叶林，柳杉林，马尾松林，灌木林，经济林，杉木林，经济林，针叶混交林，杂竹林
	汇川区	生物量	柏木林，常绿落叶阔叶混交林，落叶阔叶林，灌木林
	思南县		柏木林，经济林，常绿落叶阔叶混交林，落叶阔叶林，马尾松林，灌木林，针阔混交林，针叶混交林
	德江县		常绿落叶阔叶混交林，落叶阔叶林，经济林，马尾松林，灌木林，针阔混交林
	沿河县		马尾松林，经济林，落叶阔叶林，针阔混交林，针叶混交林
ⅠA-4	白云区	生物量 土壤	落叶阔叶林，马尾松林，灌木林
	福泉市		常绿落叶阔叶混交林，落叶阔叶林，常绿阔叶林，马尾松林，灌木林，针叶混交林
	花溪区		柳杉林，马尾松林，灌木林，常绿落叶阔叶混交林，落叶阔叶林，经济林，针叶混交林
	开阳县		华山松林，落叶阔叶林，常绿阔叶林，马尾松林，灌木林，杉木林
	龙里县		落叶阔叶林，常绿阔叶林，马尾松林，灌木林，针阔混交林，针叶混交林，杂竹林
	平坝县		经济林，灌木林，杉木林，针阔混交林
	清镇市		华山松林，常绿落叶阔叶混交林，马尾松林，灌木林，针阔混交林

（续）

分区	所在地	固定样地类型	主要监测植被类型
ⅠA-4	瓮安县	生物量 土壤	柏木林，经济林，常绿落叶阔叶混交林，落叶阔叶林，常绿阔叶林，柳杉林，马尾松林，灌木林，杉木林
	乌当区		落叶阔叶林，马尾松林，灌木林，针叶混交林
	西秀区		常绿落叶阔叶混交林，落叶阔叶林，常绿阔叶林，马尾松林，灌木林，杉木林，针叶混交林
	修文县		常绿落叶阔叶混交林，落叶阔叶林，马尾松林，灌木林，栎，针叶混交林
	黔西县	生物量	常绿落叶阔叶混交林，落叶阔叶林，马尾松林，灌木林，针阔混交林
	息烽县		柏木林，常绿落叶阔叶混交林，落叶阔叶林，马尾松林，灌木林，杉木林，经济林，针阔混交林，针叶混交林
ⅠA-4 ⅠA-1a	黄平县	生物量	常绿落叶阔叶混交林，落叶阔叶林，马尾松林，灌木林，杉木林，针阔混交林
	施秉县		常绿落叶阔叶混交林，落叶阔叶林，马尾松林，针阔混交林
ⅠA-4 ⅠA-1b	凯里市	生物量 土壤	经济林，落叶阔叶林，马尾松林，灌木林，杉木林，针叶混交林
	雷山县	生物量 土壤	经济林，常绿落叶阔叶混交林，落叶阔叶林，马尾松林，杉木林，针阔混交林，针叶混交林
ⅠA-4 ⅠA-3	余庆县	生物量 土壤	柏木林，经济林，常绿落叶阔叶混交林，落叶阔叶林，常绿阔叶林，马尾松林，灌木林，杉木林
ⅠA-4 ⅠA-5	贵定县	生物量 土壤	经济林，常绿落叶阔叶混交林，落叶阔叶林，马尾松林，灌木林，杂竹林
ⅠA-4 ⅠA-6	普安县	生物量	经济林，常绿落叶阔叶混交林，落叶阔叶林，灌木林，杉木林，针阔混交林
	普定县	生物量 土壤	经济林，落叶阔叶林，灌木林，杉木林
	织金县	生物量 土壤	华山松，常绿落叶阔叶混交林，落叶阔叶林，灌木林，杉木林，针阔混交林
ⅠA-5	都匀市	生物量	经济林，常绿落叶阔叶混交林，落叶阔叶林，常绿阔叶林，马尾松林，灌木林，杉木林
	独山县		常绿落叶阔叶混交林，落叶阔叶林，常绿阔叶林，马尾松林，灌木林，针叶混交林
	平塘县		常绿落叶阔叶混交林，落叶阔叶林，常绿阔叶林，马尾松林，灌木林，针阔混交林
	长顺县		常绿落叶阔叶混交林，马尾松林，灌木林，针叶混交林
	关岭县	生物量 土壤	经济林，灌木林，杉木林，柏木林
	惠水县		经济林，常绿落叶阔叶混交林，落叶阔叶林，常绿阔叶林，马尾松林，灌木林，针阔混交林
	麻江县		柏木林，落叶阔叶林，马尾松林，灌木林，杉木林，经济林，针叶混交林

（续）

分区	所在地	固定样地类型	主要监测植被类型
ⅠA-5	镇宁县	生物量 土壤	经济林，常绿落叶阔叶混交林，落叶阔叶林，常绿阔叶林，灌木林
	紫云县		常绿落叶阔叶混交林，落叶阔叶林，马尾松林，灌木林，杉木林，云南松林，针阔混交林
ⅠA-6	七星关区	生物量 土壤	柏木林，华山松林，常绿落叶阔叶混交林，落叶阔叶林，常绿阔叶林，灌木林，针阔混交林
	大方县		华山松林，常绿落叶阔叶混交林，落叶阔叶林，柳杉林，灌木林，云南松林
	赫章县		华山松林，常绿落叶阔叶混交林，落叶阔叶林，常绿阔叶林，灌木林，柳杉林，杉木林，云南松林，针阔混交林
	六枝特区		落叶阔叶林，柳杉林，灌木林，杂竹林，杉木林
	纳雍县		经济林，常绿落叶阔叶混交林，落叶阔叶林，柳杉林，灌木林，杉木林，针阔混交林
	晴隆县		经济林，落叶阔叶林，灌木林，杉木林
	兴仁县		落叶阔叶林，灌木林，毛竹林，杉木林，云南松林，针阔混交林
	钟山区		灌木林
ⅠA-6 ⅠB-1	水城县	生物量 土壤	经济林，常绿落叶阔叶混交林，落叶阔叶林，华山松林，云南松林，针阔混交林
ⅠA-7	赤水市	生物量 土壤	杂竹林，经济林，常绿落叶阔叶混交林，落叶阔叶林，常绿阔叶林，灌木林，毛竹林，杉木林，针阔混交林
ⅠA-7 ⅠA-3	习水县	生物量 土壤	柏木林，常绿落叶阔叶混交林，落叶阔叶林，常绿阔叶林，柳杉林，马尾松林，灌木林，杉木林，针阔混交林，针叶混交林
ⅠB-1	盘县	生物量 土壤	落叶阔叶林，灌木林，华山松林，杉木林，针叶混交林
	威宁县		常绿落叶阔叶混交林，落叶阔叶林，常绿阔叶林，华山松林，灌木林，云南松林，针阔混交林，针叶混交林
	兴义市		华山松林，经济林，灌木林，落叶阔叶林，针阔混交林
ⅡA-1	册亨县	生物量 土壤	经济林，常绿落叶阔叶混交林，落叶阔叶林，灌木林，杉木林，针叶混交林
	罗甸县		落叶阔叶林，马尾松林，灌木林，杉木林，经济林，针阔混交林
	望谟县		经济林，常绿落叶阔叶混交林，落叶阔叶林，灌木林，杉木林
ⅡA-1 ⅠA-6	安龙县	生物量 土壤	常绿落叶阔叶混交林，灌木林，杉木林，云南松林
	贞丰县		经济林，灌木林，落叶阔叶林，杉木林

综上，贵州省森林生态连清监测网络已初具规模（图2-6），这些监测站点的布设具有一定的科学性和合理性。为进一步完善贵州省森林生态连清监测网络，今后还需要进一步增加监测林分和龄组类型，以满足贵州省森林生态系统及重点林业生态工程的生态效益评价。

图 2-6　贵州省森林生态连清监测网络分布

二、网络特点

贵州省布局的 13 个森林生态站点分布区域为黔西地区布设 2 个，黔中地区布设 2 个，黔东南地区布设 4 个，黔北地区布设 2 个，黔南、黔西南地区布设 3 个。总体而言，从东到西的站点布局数量高于从北到南的布局数量，中北部多于南部。究其原因，主要是受境内主要山脉的走向、森林覆盖率和植被三个方面的影响。境内山脉除苗岭外，其余三条主要山脉乌蒙山、大娄山和武陵山山脉多呈南北走向，从而使得东西方向的水热条件受到不同程度的"切割"而呈现多样化、复杂化的特征。这种地貌上的变化反映在植被特征上，也大致呈现了由东向西的系列变化。比如水热条件较好的黔南、黔东南大部分地区植被生长较好，即使在保水保土功能较弱的岩溶地区也有大面积森林分布，森林覆盖率普遍较高，植被类型丰富、垂直特征也比较明显（比如雷公山地区），而水热条件稍差的黔西地区，森林覆盖率普遍较低，植被类型多以针叶林为主。因此，全省东、北部的站点布设数量要略高于中、西部站点的布设数量。

贵州省重点水源涵养区、土壤保持区和喀斯特生态功能区主要位于贵州西和南部地区，共布设了 5 个森林生态观测站，体现了站点布设与这些重点生态功能区的高度吻合。由于黔中地区在空间上的相对均质性，站点布设只有 2 个。黔北和黔东南地区由于水热充足、植被丰富、生物多样性高，过渡特征明显，共布设了 6 个定位观测站，站点覆盖范围也与水源涵养、生物多样性保护等生态功能区高度吻合。

贵州省森林生态系统长期定位观测网络与中国森林生态系统长期定位观测网络类型相同，均为森林生态系统类型长期定位观测网络，具有相同的建站标准、观测指标体系和观测方法。由于网络类型相同，两者的网络构建指标体系和方法也是相同的，以保证相同类型生态站的互通需求。就贵州省而言，13 个森林生态站网分别代表了不同的森林及环境特征，体现了贵州森林的特点和区域特色，实现了全省森林生态系统定位观测网络"多功能组合、多站点联合、多尺度拟合、多目标融合"的构建目标。规划构建的 13 个生态站网具有以下三大特点：

（1）自然地理、植被特征全覆盖。布局的森林生态站各有特色，而且基本上覆盖了贵州省整个区域。在地理空间分布上，13 个站点体现了由西向东、从南到北的环境梯度差异。行政区划上，13 个站点分别位于全省 8 个地区的 13 个县，分布具有代表性。在地貌类型与生态区划方面，布局站点涵盖了高原、低山丘陵、中山地貌以及不同的生态区划。同时，还涵盖了天然林和人工林；在植被类型方面，包括了常绿阔叶林、落叶阔叶林、针叶林、针阔混交林和竹林等；在林分发育成熟度方面，各生态站点的监测样地包括了不同龄级的林分。

（2）观测覆盖面广。目前，各生态站根据陆地生态系统和森林生态系统监测指标体系及其技术规范，全省观测指标将近 120 个；建成了由 7 个综合观测试验站、80 多个涉及天保、珠防、石漠化综合治理小流域的定位监测点，2000 多个固定样地组成的国家、省、市县多层次观测试验系统（图 2-6）。利用各观测站监测到的森林生物量、土壤等参数，核算了全省的森林生态系统功能服务价值，为地方生态规划决策和森林经营管理决策提供了重要依据。这些前期的观测措施和研究应用，覆盖面广、层次分明，对生态观测网络的建设和发展起到了关键的基础支撑作用。

（3）区域特色明显。在生态站点的具体布局上，区域特色十分明显。比如，荔波喀斯特森林站突出了典型喀斯特森林生态系统，该区域的喀斯特森林是全球同纬度带残存下来仅有的分布集中、面积最大、原生性强且相对稳定的一种独特的森林生态系统，被人们称为"长在石头上的森林"，具有重要的科学研究价值。贵州黎平石漠生态站施秉站区，地质背景为白云质砂石岩，观测区具有轻微石漠化现象，人类活动频繁，植被覆盖率较低，有利于从气候、土壤、植被、水文、人类活动等各个方面开展多尺度、多梯度、多功能、宽序列的石漠化生态系统动态监测与研究，以解决岩溶槽谷石漠化区现存的一系列科学与技术问题，尤其在对比观测不同岩性下喀斯特森林生态系统上植被的发育过程具有重要意义。而普定石漠生态站突出了对严重石漠化地区土壤—植被—水文耦合响应与适应机制的研究。

黔北赤水丹霞是中国丹霞世界系列自然遗产地之一，是青年早期丹霞地貌的典型代表，

是我国重要的风景名胜区、自然保护区和旅游胜地，具有突出的美学景观价值和地质地貌价值，以及生物生态、科学研究、教育教学等价值（杜芳娟等，2008；熊康宁等，2012）。赤水桫椤种群数量达 4 万余株，是目前国内十分少见的桫椤天然集中分布区，代表意义十分突出。很多学者分别从地质地貌、美学价值、生物多样性、景观格局、遗产价值与保护等多方面多角度对中国丹霞赤水世界自然遗产进行了研究（杜芳娟，2008；熊康宁，2012）。因此，黔北赤水丹霞地区由于其特殊性和典型性，在分区布局时，这一地区的 MCI 指数以 50% 为界，对观测站点进行单独布设，突出了地区特色，丰富了国家森林生态系统监测体系的观测内容。

总之，根据森林生态系统定位观测网络布局的方法和构建原则，贵州省布局了 10 个森林生态系统观测有效分区共 13 个观测站点，集森林水文、土壤、大气和植被固定监测点(样地) 约 558 个。如果新建站点得以顺利推进，则整个森林生态站网的观测布局将基本涵盖全省森林生态系统及其关键区域，对贵州省国家森林生态系统长期观测体系起到了重要的补充和完善作用，为今后进一步阐明多因子协同作用下山地森林的生态变化过程及其作用机制与内在联系，提供科学、可靠的数据来源。

第三章
贵州省森林
生态系统连续观测与清查体系

贵州省森林生态系统服务功能评估基于贵州省森林生态系统连续观测与清查体系(图3-1)。贵州省森林生态连清体系是贵州省森林生态系统连续观测与清查的简称，指以生态地理区划为单位，依托国家现有森林生态系统国家定位观测研究站（简称森林生态站）和贵州省内的其他林业监测点，采用野外观测技术和分布式测算方法，定期对贵州省森林生态系统服务进行全指标体系观测与清查。它与贵州省森林资源二类调查资源数据相耦合，评估一定时期和范围内的贵州省森林生态系统服务，进一步了解其森林生态系统服务功能的动态变化。

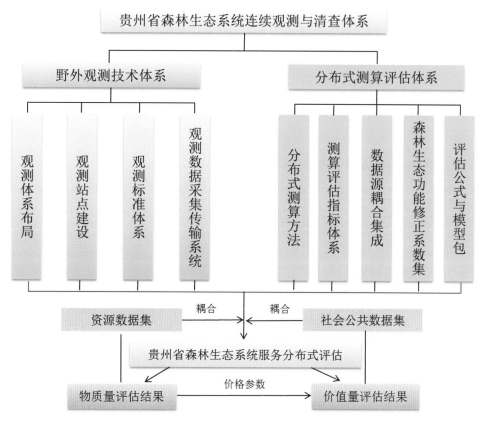

图3-1　贵州省森林生态系统连续观测与清查体系框架

贵州省森林的生态服务功能及其价值评估采用中国生态系统服务功能评估的理论和方法，以贵州省森林资源二类调查数据和贵州森林生态连清监测网络及中国森林生态系统定位观测研究网络（CFERN）的长期观测数据集为基础，依据国家林业行业标准《森林生态系统服务功能评估规范》和最新研究成果，综合运用生态学、水土保持学、经济学等理论方法，采用分布式测算方法与 NPP 实测法，由点上剖析推至面上分析，从物质量和价值量两个方面，按照不同地区、不同优势树种组林分类型、不同龄组对贵州省森林生态系统服务功能进行评价。

> 物质量评估主要是对生态系统提供服务的物质数量进行评估，即根据不同区域、不同生态系统的结构、功能和过程，从生态系统服务功能机制出发，利用适宜的定量方法确定生态系统服务功能的质量数量。物质量评估的特点是评价结果比较直观，能够比较客观地反映生态系统的生态过程，进而反映生态系统的可持续性。

> 价值量评估主要是利用一些经济学方法对生态系统提供的服务进行评价。价值量评估的特点是评价结果是货币量，既能将不同生态系统与一项生态系统服务进行比较，也能将某一生态系统的各单项服务综合起来。运用价值量评价方法得出的货币结果能引起人们对区域生态系统服务足够的重视。

第一节 野外观测技术体系

一、森林生态连清体系监测网络

野外观测技术体系建设是构建贵州省森林生态连清体系的重要基础。森林生态站网络布局总体上是以典型抽样为基础，根据研究区的水热分布和森林立地情况等，选择具有典型性及代表性的区域，层次性明显。贵州省目前已建的森林生态站布局在全省和地方等层面的典型性和重要性已经得到兼顾，目前已形成层次清晰、代表性强的森林生态站及辅助观测点网，森林生态连清体系监测网络在布局上已经能够充分体现区位优势和地域特色，可以负责相关站点所属区域的各级测算单元，即可再分优势树种林分类型、林龄组模块和林分起源等。借助这些森林生态站，可以满足贵州省森林生态连清和科学研究需求。

本次贵州省森林生态连清及价值评估中，所采用的生态参数主要来自于贵州森林生态连清监测网络与中国森林生态系统定位观测研究网络（CFERN）的长期观测数据集。这些森林生态站及监测站点在布局上能够充分体现区位优势和地域特色，兼顾了森林生态站布局在国家和地方等层面的典型性和重要性，目前已形成层次清晰、代表性强的森林生态站网络。借助上述森林生态站及辅助监测点，可以满足贵州省森林生态系统服务监测和科学研究需求。随着政府对生态文明建设要求的不断提高，必将建立起贵州省森林生态系统服务监测的完备体系，为科学全面地评估贵州省林业建设成果奠定坚实的基础。同时，各森林生态系统服务监测站点作用长期、稳定地发挥，必将为健全和完善国家生态监测网络，特别是构建完备的林业及其生态建设监测评估体系作出重大贡献。

二、贵州省森林生态连清监测评估标准体系

贵州省森林生态连清监测评估所依据的标准体系包括从森林生态系统服务监测站点建设到观测指标、观测方法、数据管理乃至数据应用各个阶段的标准（图3-2）。贵州省森林生态系统服务监测站点建设、观测指标、观测方法、数据管理及数据应用的标准化保证了不同站点提供贵州省森林生态连清数据的准确性和可比性，为贵州省森林生态系统服务评估的顺利进行提供了保障。

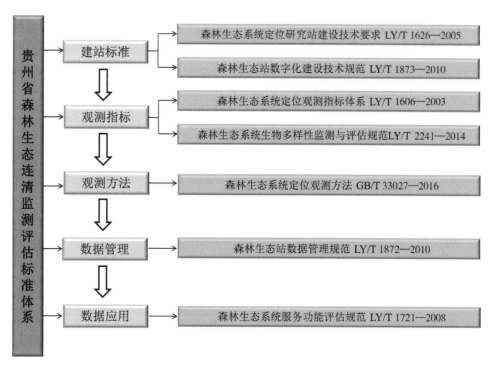

图3-2　贵州省森林生态系统服务监测评估标准体系

第二节　观测内容

森林生态定位观测站建成之后，将严格参照《森林生态系统定位观测指标体系》（LY/T 1606—2003）、《森林生态系统长期定位观测指标体系》（GB/T 35377—2017）进行观测（国家林业局，2003；中华人民共和国国家质量监督检验检疫总局等，2017），指标主要包括气

象常规指标、森林土壤理化指标、森林生态系统的健康与可持续发展指标、森林水文指标和森林的群落学特征指标等五个方面。各观测指标体系的详细内容见表3-1至表3-5。

（1）森林气象要素观测指标。指标见表3-1。

表3-1　森林气象要素观测指标

指标类别	监测指标	单位	观测频度
气压	气压	帕斯卡	每日1次
风	作用在森林表面的风速	米/秒	连续观测或每日3次
	作用在森林表面的风向		连续观测或每日3次
空气温度	最低温度	℃	每日1次
	最高温度	℃	每日1次
	定时温度	℃	每日1次
地表面和不同深度土壤的温度	地表定时温度	℃	连续观测或每日3次
	地表最低温度	℃	连续观测或每日3次
	地表最高温度	℃	连续观测或每日3次
	5厘米深度地温	℃	连续观测或每日3次
	10厘米深度地温	℃	连续观测或每日3次
	15厘米深度地温	℃	连续观测或每日3次
	20厘米深度地温	℃	连续观测或每日3次
空气湿度	相对湿度	%	连续观测或每日3次
辐射	总辐射量	焦耳/平方米	半小时或每小时1次
	净辐射量	焦耳/平方米	半小时或每小时1次
	光合有效辐射	焦耳/平方米	半小时或每小时1次
	日照时数	小时	连续观测或每日1次
大气降水	降水总量	毫米	连续观测或每日2次
	降水强度	毫米/小时	连续观测或每日3次
水面蒸发	蒸发量	毫米	连续观测或每日1次

(2)森林水文要素观测指标。指标见表3-2。

表 3-2　森林水文要素指标

指标类别	监测指标	单位	观测频度
水量	林内降水量	毫米	连续观测或每次降水后观测
	林内降水强度	毫米/小时	连续观测或每次降水后观测
	穿透水	毫米	每次降水后观测
	树干茎流量	毫米	每次降水后观测
	地表径流量	毫米	连续观测或每次降水后观测
	枯枝落叶层含水量	毫米	每月1次
	森林蒸散量	毫米	每月1次或每个生长季1次

(3)森林土壤要素观测指标。指标见表3-3。

表 3-3　森林土壤要素指标

指标类别	监测指标	单位	观测频度
森林枯落物	厚度	毫米	每年1次
土壤物理性质	土壤侵蚀模数	吨/（平方千米·年）	每年1次
	土壤侵蚀强度	级	每年1次
	土壤颗粒组成	%	每5年1次
	土壤容重	克/立方厘米	每5年1次
	土壤总孔隙度毛管孔隙及非毛管孔隙	%	每5年1次
	土壤最大、最小和毛管持水量	%	每5年1次
	土壤渗透率	毫米/分钟	每5年1次
土壤化学性质	土壤pH值	—	每年1次
	土壤阳离子交换量	厘摩尔/千克	每5年1次
	土壤有机质	%	每5年1次
	土壤全氮	%	每5年1次

（续）

指标类别	监测指标	单位	观测频度
土壤化学性质	水解氮	毫克/千克	每5年1次
	土壤全磷	%	每5年1次
	有效磷	毫克/千克	每5年1次
	土壤全钾	%	每5年1次
	速效钾	毫克/千克	每5年1次
	土壤有机碳含量	%	每5年1次

（4）森林群落学特征观测指标。指标见表3-4。

表3-4　森林群落学特征指标

指标类别	监测指标	单位	观测频度
森林群落结构	森林群落的年龄	年	每5年1次
	森林群落的起源	—	每5年1次
	森林群落的平均树高	米	每5年1次
	森林群落的平均胸径	厘米	每5年1次
	森林群落的密度	株/公顷	每5年1次
	森林群落的树种组成	—	每5年1次
	森林群落的植物种类数量	—	每5年1次
	森林群落的郁闭度	—	每5年1次
	森林群落主林层的叶面积指数	—	每5年1次
	林下植被平均高	米	每5年1次
	林下植被总盖度	%	每5年1次
森林群落乔木层生物量和林木生长量	树高年生长量	米	每5年1次
	胸径年生长量	厘米	每5年1次
	乔木层各器官生物量	千克/公顷	每5年1次
	灌木层、草本层地上和地下部分生物量	千克/公顷	每5年1次
	净生产力	吨/（公顷·年）	每5年1次

（续）

指标类别	监测指标	单位	观测频度
森林凋落物量	林地当年凋落物量	千克/公顷	每年1次
	凋落物累积量	千克/公顷	每5年1次
含碳率	植被含碳率（干、技、叶和根）	%	每5年1次
	枯落物含碳率	%	每5年1次

（5）积累营养物质和森林调控环境空气质量功能观测指标。指标见表3-5。

表3-5 积累营养物质和森林调控环境空气质量功能观测指标

指标类别	监测指标	单位	观测频度
林木积累营养物质	存留在林木内氮含量	%	每5年1次
	存留在林木内磷含量	%	每5年1次
	存留在林木内钾含量	%	每5年1次
森林环境空气质量	空气负离子	个/立方厘米	连续观测
	TSP（悬浮颗粒物）、PM$_{10}$、PM$_{2.5}$	微克/立方米	
	氮氧化物		
	二氧化硫		
	臭氧	毫克/立方米	
	一氧化碳		
	植被吸附氮氧化物量	千克/公顷	每5年1次
	植被吸附二氧化硫量		
	植被吸附氟化物量		

第三节 分布式测算评估体系

一、分布式测算方法

分布式测算源于计算机科学，是研究如何把一项整体复杂的问题分割成相对独立运算

的单元，并将这些单元分配给多个计算机进行处理，最后将计算结果综合起来，统一合并得出结论的一种科学计算方法。分布式测算方法已经被用于使用世界各地成千上万位志愿者的计算机的闲置计算能力，来解决复杂的数学问题和研究寻找最为安全的密码系统。这些项目都很庞大，需要惊人的计算量，面分布式研究如何把一个需要非常巨大计算能力才能解决的问题分成许多小的部分，然后把这些部分分配给许多计算机进行处理，最后把这些计算结果综合起来得到最终的结果。森林生态服务评估是一项非常庞大、复杂的系统工程，很适合划分成多个均质化的生态测算单元开展评估（Niu et al.，2013）。因此，分布式测算方法是目前评估贵州省森林生态服务所采用的较为科学有效的方法。并且，通过第一次（2009 年）和第二次（2014 年）全国森林生态系统服务评估以及 2014 年和 2015 年《退耕还林工程生态效监测国家报告》和许多省级尺度的评估中已经证实，分布式测算方法能够保证结果的准确性及可靠性。

贵州省森林生态系统服务功能评估采用分布式测算方法。贵州森林生态系统定位观测研究网络依据中国森林生态系统定位观测研究网络（CFERN）建立的符合中国森林生态系统特点的《森林生态系统定位观测指标体系》（国家林业局，2003），按照《森林生态系统长期定位观测方法》（国家林业局，2011）开展的长期、连续、定位观测研究数据集及中国森林生态系统定位观测研究网络的长期、连续、定位观测研究数据集，以贵州省各县(区、市)为测算单元，区分不同优势树种组林分类型（将贵州省划分为 16 个优势树种组林分类型，为了便于计算，将经济林和灌木林、竹林按照优势树种组林分类型对待）、不同龄组，按照《森林生态系统服务功能评估规范》的计算方法和公式，与贵州省森林资源二类调查数据和社会公共资源数据相耦合，评估各市（州）及贵州省的森林生态系统服务功能。

贵州省森林生态系统服务功能的测算是一项非常庞大、复杂的系统工程，很适合划分成多个均质化的生态测算单元开展评估。基于分布式测算方法评估贵州省森林生态系统服务功能的具体思路：①按照贵州省各县（区、市）划分为盘州市、赤水、江口、兴义、独山、锦屏、关岭、开阳、金沙等 88 个区（县）和 1 个新区共 89 个一级测算单元；②再将每个一级测算单元按照优势树种（组）类型划分成 16 个二级测算单元；③每个二级测算单元按照林龄类型划分成 5 个三级测算单元，最终确定了相对均质化的生态系统服务评估单元（图 3-3）。

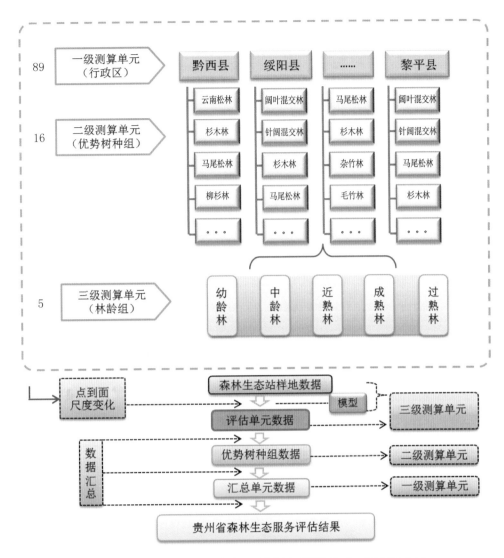

图 3-3　贵州省森林生态系统服务评估分布式测算方法

基于生态系统尺度的生态服务功能定位实测数据，运用遥感反演、过程机理模型等技术手段，进行由点到面的数据尺度转换，将点上实测数据转换至面上测算数据，即可得到各生态服务功能评估单元的测算数据。①利用改造的过程机理模型 IBIS（集成生物圈模型），输入森林生态站各样点的植物功能型类型、优势树种组林分类型、植被类型、土壤质地、土壤养分含量、凋落物储量，以及降雨、地表径流等参数，测算各生态服务功能评估单元的生态功能数据。②结合贵州森林生态系统长期定位观测研究网络的实测数据和贵州省森林资源二类调查数据（树种组成、龄组等），通过筛选获得基于遥感数据反演的统计模型，推算各生态服务功能评估单元的林木积累营养物质生态功能数据和净化大气环境生态功能数据。

将各生态服务功能评估单元的测算数据逐级累加，即可得到各市（州）及贵州省的森林生态系统服务功能的最终评估结果。

二、监测评估指标体系

森林生态系统是地球生态系统的主体，其生态服务功能体现于生态系统和生态过程所形成的有利于人类生存与发展的生态环境条件与效用。如何真实地反映森林生态系统服务的效果，监测评估指标体系的建立非常重要。

贵州省森林生态服务各项指标在满足代表性、全面性、简明性、可操作性以及适应性等原则的基础上，结合近年来的最新研究成果所确立，但并未完全涵盖森林生态系统服务的所有内容。例如：森林防护不仅体现在防风固沙和沿海防护方面，农田防护也是一部分；森林在降低噪音方面的作用与森林的康养功能等。这些都是人们实实在在感受到的服务，但是限制于目前的评估手段，还无法对这些服务进行核算。因此，依据国家行业标准《森林生态系统服务功能评估规范》（LY/T 1721—2008），结合贵州省森林生态系统实际情况，通过总结借鉴近年的工作及研究经验，本次评估选取了7项功能21项指标（图3-4）。

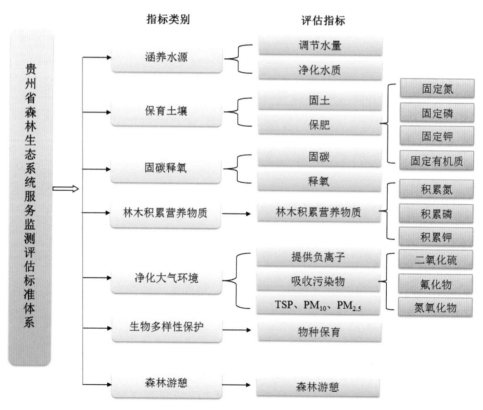

图3-4　贵州省森林生态连清监测评估标准体系

三、数据来源与集成

贵州省森林生态连清评估分为物质量和价值量两大部分。物质量评估所需数据来源于贵州森林生态系统定位研究网络的森林生态连清数据集及贵州省第四次森林资源二类调查数据集；价值量评估所需数据除以上两个来源外，还包括社会公共数据集（图3-5）。

主要的数据来源包括以下三部分：

1. 贵州省森林生态连清数据集

贵州省森林生态连清数据主要来源于贵州森林生态系统定位观测研究网络和辅助观测点及周边省份的森林生态站的监测结果。其中，森林生态系统定位观测研究网络以国家林业局森林生态站为主体，还包括省级森林生态站、重点林业生态工程监测网络和其他固定监测样地等，并依据中华人民共和国林业行业标准《森林生态系统服务功能评估规范》（LY/T 1721—2008）（国家林业局，2008）和中华人民共和国国家标准《森林生态系统长期定位观测方法》（GB/T 33027—2016）（国家林业局，2011）等开展观测得到贵州省森林生态连清数据。

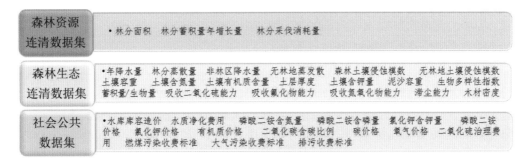

图 3-5　数据来源与集成

2. 贵州省森林资源二类调查数据集

贵州省第四次森林资源二类调查是在《贵州省森林资源规划设计调查实施细则》下开展的，并采取由原贵州省林业厅统一安排二类调查工作计划，共区划调查了320多万个小班，重点调查了6万多个样地，经过3200余名专业技术人员2年多时间的努力，完成了此次森林资源普查成果，形成的二类调查报告经原贵州省林业厅组织的专家委员会进行审定，并按照专家的审定意见修改完善后报省林业厅批复后生效。

3. 社会公共数据集

社会公共数据来源于我国权威机构所公布的社会公共数据，包括《中国水利年鉴》、《中华人民共和国水利部水利建筑工程预算定额》、农业部信息网（http://www.agri.gov.cn/）、卫生部网站（http://www.nhfpc.gov.cn）、中华人民共和国国家发展和改革委员会第四部委 2003 年第 31 号令《排污费征收标准及计算方法》、贵州省物价局官网（http://www.gzdpc.gov.cn）、贵州省统计局（http://www.gz.stats.gov.cn）等相关部门统计公告。

四、森林生态功能修正系数

森林生态系统服务价值的合理测算对绿色国民经济核算具有重要意义，社会进步程度、经济发展水平、森林资源质量等对森林生态系统服务功能均会产生一定影响，而森林自身结构和功能状况则是体现森林生态系统服务可持续发展的基本前提。"修正"作为一种状态，表明系统各要素之间具有相对"融洽"的关系。当用现有的野外实测值不能代表同一生态单元同一目标林分类型的结构或功能时，就需要采用森林生态功能修正系数（Forest Ecological Function Correction Coefficient，简称 FEF-CC）客观地从生态学精度的角度反映同一林分类型在同一区域的真实差异。其理论公式如下：

$$\text{FEF-CC} = \frac{B_e}{B_o} = \frac{\text{BEF} \cdot V}{B_o} \tag{3-1}$$

式中：FEF-CC——森林生态功能修正系数；

B_e——评估林分的生物量（千克／立方米）；

B_o——实测林分的生物量（千克／立方米）；

BEF——蓄积量与生物量的转换因子；

V——评估林分的蓄积量（立方米）。

实测林分的生物量可以通过森林生态连清的实测手段来获取。没有实测林分的生物量则通过评估林分蓄积量和生物量转换因子来测算评估（Fang et al.，1998；Fang，2001）。本研究实测林分的生物量是通过森林生态连清的实测手段获取。

五、贴现率

贵州省森林生态系统服务功能价值量评估中，由物质量转价值量时，部分价格参数并非评估年价格参数，因此需要使用贴现率（Discount Rate）将非评估年价格参数换算为评估年份价格参数以计算各项功能价值量的现价。贵州省森林生态系统服务功能价值量评估中所使用的贴现率指将未来现金收益折合成现在收益的比率。贴现率是一种存贷款均衡利率，利率的大小，主要根据金融市场利率来决定，其计算公式如下：

$$t = (D_r + L_r) / 2 \tag{3-2}$$

式中：t——存贷款均衡利率（%）；

D_r——银行的平均存款利率（%）；

L_r——银行的平均贷款利率（%）。

贴现率利用存贷款均衡利率，将非评估年份价格参数，逐年贴现至评估年的价格参数。贴现率的计算公式如下：

$$d = (1 + t_{n+1})(1 + t_{n+2})\cdots(1 + t_m) \tag{3-3}$$

式中：d——贴现率；

t——存贷款均衡利率（%）；

n——价格参数可获得年份（年）；

m——评估年份（年）。

六、核算公式与模型包

（一）涵养水源功能

森林涵养水源功能主要是指森林对降水的截留、吸收和贮存，将地表水转为地表径流或地下水的作用（图3-6）。主要功能表现在增加可利用水资源、净化水质和调节径流三个方面。本研究选定2个指标，即调节水量指标和净化水质指标，以反映森林的涵养水源功能。

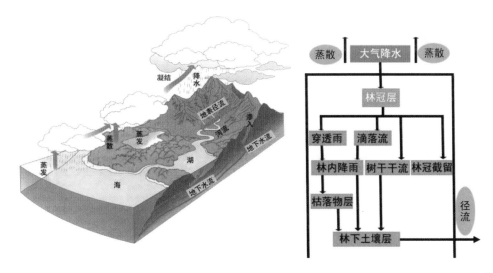

图 3-6　全球水循环及森林对降水的再分配示意

1. 调节水量指标

（1）年调节水量。森林生态系统年调节水量公式为：

$$G_{调} = 10A \cdot (P - E - C) \cdot F \tag{3-4}$$

式中：$G_{调}$——实测林分年调节水量（立方米／年）；

P——实测林外降水量（毫米／年）；

E——实测林分蒸散量（毫米／年）；

C——实测地表快速径流量（毫米／年）；

A——林分面积（公顷）；

F——森林生态功能修正系数。

（2）年调节水量价值。森林生态系统年调节水量价值根据水库工程的蓄水成本（替代工程法）来确定，采用如下公式计算：

$$U_{调} = 10C_{库} \cdot A \cdot (P - E - C) \cdot F \cdot d \tag{3-5}$$

式中：$U_{调}$——实测森林年调节水量价值（元 / 年）；

　　　$C_{库}$——水库库容造价（元 / 立方米，见附表）；

　　　P——实测林外降水量（毫米 / 年）；

　　　E——实测林分蒸散量（毫米 / 年）；

　　　C——实测地表快速径流量（毫米 / 年）；

　　　A——林分面积（公顷）；

　　　F——森林生态功能修正系数；

　　　d——贴现率。

2. 年净化水质指标

（1）年净化水量。森林生态系统年净化水量采用年调节水量的公式：

$$G_{调} = 10A \cdot (P - E - C) \cdot F \tag{3-6}$$

式中：$G_{调}$——实测林分年净化水量（立方米 / 年）；

　　　P——实测林外降水量（毫米 / 年）；

　　　E——实测林分蒸散量（毫米 / 年）；

　　　C——实测地表快速径流量（毫米 / 年）；

　　　A——林分面积（公顷）；

　　　F——森林生态功能修正系数。

（2）净化水质价值。森林生态系统年净化水质价值根据净化水质工程的成本（替代工程法）计算，公式如下：

$$U_{水质} = 10K_{水} \cdot A \cdot (P - E - C) \cdot F \cdot d \tag{3-7}$$

式中：$U_{水质}$——实测林分净化水质价值（元 / 年）；

　　　$K_{水}$——水的净化费用（元 / 立方米，见附表）；

　　　P——实测林外降水量（毫米 / 年）；

　　　E——实测林分蒸散量（毫米 / 年）；

　　　C——实测地表快速径流量（毫米 / 年）；

A——林分面积（公顷）；

F——森林生态功能修正系数；

d——贴现率。

（二）保育土壤功能

森林凭借庞大的树冠、深厚的枯枝落叶层及强壮且成网络的根系截留大气降水，减少或免遭雨滴对土壤表层的直接冲击，有效地固持土体，降低了地表径流对土壤的冲蚀，使土壤流失量大大降低。而且森林的生长发育及其代谢产物不断对土壤产生物理及化学影响，参与土体内部的能量流动与物质循环，使土壤肥力提高，森林是土壤养分的主要来源之一（图3-7）。为此，本研究选用2个指标，即固土指标和保肥指标，以反映森林保育土壤功能。

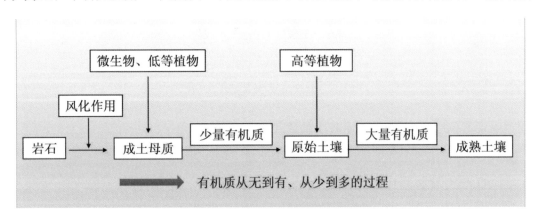

图3-7 植被对土壤形成的作用

1. 固土指标

（1）年固土量。林分年固土量公式如下：

$$G_{固土} = A \cdot (X_2 - X_1) \cdot F \tag{3-8}$$

式中：$G_{固土}$——实测林分年固土量（吨／年）；

　　　X_1——有林地土壤侵蚀模数［吨／（公顷·年）］；

　　　X_2——无林地土壤侵蚀模数［吨／（公顷·年）］；

　　　A——林分面积（公顷）；

　　　F——森林生态功能修正系数。

（2）年固土价值。由于土壤侵蚀流失的泥沙淤积于水库中，减少了水库蓄积量水的体积，因此本研究根据蓄水成本（替代工程法）计算林分年固土价值，公式如下：

$$U_{固土} = A \cdot C_土 \cdot (X_2 - X_1) \cdot F \cdot d / \rho \tag{3-9}$$

式中：$U_{固土}$——实测林分年固土价值（元／年）；

　　　X_1——有林地土壤侵蚀模数［吨／（公顷·年）］；

X_2——无林地土壤侵蚀模数 [吨／（公顷·年）]；

$C_{土}$——挖取和运输单位体积土方所需费用（元／立方米，见附表）；

ρ——土壤容重（克／立方厘米）；

A——林分面积（公顷）；

F——森林生态功能修正系数；

d——贴现率。

2. 保肥指标

（1）年保肥。林分年保肥量公式如下：

$$G_N = A \cdot N \cdot (X_2 - X_1) \cdot F \tag{3-10}$$

$$G_P = A \cdot P \cdot (X_2 - X_1) \cdot F \tag{3-11}$$

$$G_K = A \cdot K \cdot (X_2 - X_1) \cdot F \tag{3-12}$$

$$G_{有机质} = A \cdot M \cdot (X_2 - X_1) \cdot F \tag{3-13}$$

式中：G_N——森林固持土壤而减少的氮流失量（吨／年）；

G_P——森林固持土壤而减少的磷流失量（吨／年）；

G_K——森林固持土壤而减少的钾流失量（吨／年）；

$G_{有机质}$——森林固持土壤而减少的有机质流失量（吨／年）；

X_1——有林地土壤侵蚀模数 [吨／（公顷·年）]；

X_2——无林地土壤侵蚀模数 [吨／（公顷·年）]；

N——森林土壤含氮量（%）；

P——森林土壤含磷量（%）；

K——森林土壤含钾量（%）；

M——森林土壤平均有机质含量（%）；

A——林分面积（公顷）；

F——森林生态功能修正系数。

（2）年保肥价值。年固土量中氮、磷、钾的数量换算成化肥即为林分年保肥价值。本研究的林分年保肥价值以固土量中的氮、磷、钾数量折合成磷酸二铵化肥和氯化钾化肥的价值来体现。公式如下：

$$U_{肥} = A \cdot (X_2 - X_1) \cdot \left(\frac{N \cdot C_1}{R_1} + \frac{P \cdot C_1}{R_2} + \frac{K \cdot C_2}{R_3} + M \cdot C_3 \right) \cdot F \cdot d \tag{3-14}$$

式中：$U_{肥}$——实测林分年保肥价值（元／年）；

X_1——有林地土壤侵蚀模数 [吨／（公顷·年）]；

X_2——无林地土壤侵蚀模数 [吨／（公顷·年）]；

N——森林土壤平均含氮量（%）；

P——森林土壤平均含磷量（%）；

K——森林土壤平均含钾量（%）；

M——森林土壤有机质含量（%）；

R_1——磷酸二铵化肥含氮量（%，见附表）；

R_2——磷酸二铵化肥含磷量（%，见附表）；

R_3——氯化钾化肥含钾量（%，见附表）；

C_1——磷酸二铵化肥价格（元／吨，见附表）；

C_2——氯化钾化肥价格（元／吨，见附表）；

C_3——有机质价格（元／吨，见附表）；

A——林分面积（公顷）；

F——森林生态功能修正系数；

d——贴现率。

（三）固碳释氧功能。

森林与大气的物质交换主要是二氧化碳与氧气的交换，即森林固定并减少大气中的二氧化碳和提高并增加大气中的氧气（图 3-8），这对维持大气中的二氧化碳和氧气动态平衡，减少温室效应以及为人类提供生存的基础均有巨大和不可替代的作用（Wang et al.，2013）。为此本研究选用固碳、释氧 2 个指标反映森林生态系统固碳释氧功能。根据光合作用化学反应式，森林植被每积累 1.0 克干物质，可以吸收 1.63 克二氧化碳，释放 1.19 克氧气。

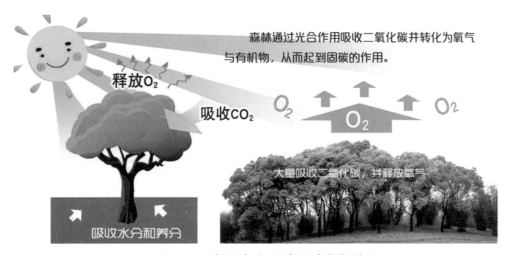

图 3-8　森林生态系统固碳释氧作用

1. 固碳指标

（1）植被和土壤年固碳量。公式如下：

$$G_{碳} = A \cdot (1.63 R_{碳} \cdot B_{年} + F_{土壤}) \cdot F \tag{3-15}$$

式中：$G_{碳}$——实测年固碳量（吨／年）；

$B_{年}$——实测林分净生产力 [吨／（公顷·年）]；

$F_{土壤碳}$——单位面积林分土壤年固碳量 [吨／（公顷·年）]；

$R_{碳}$——二氧化碳中碳的含量，为 27.27%；

A——林分面积（公顷）；

F——森林生态功能修正系数。

公式得出森林的潜在年固碳量，再从其中减去由于森林采伐造成的生物量移出从而损失的碳量，即为森林的实际年固碳量。

（2）年固碳价值。森林植被和土壤年固碳价值的计算公式如下：

$$U_{碳} = A \cdot C_{碳} \cdot (1.63R_{碳} \cdot B_{年} + F_{土壤碳}) \cdot F \cdot d \tag{3-16}$$

式中：$U_{碳}$——实测林分年固碳价值（元／年）；

$B_{年}$——实测林分净生产力 [吨／（公顷·年）]；

$F_{土壤碳}$——单位面积森林土壤年固碳量 [吨／（公顷·年）]；

$C_{碳}$——固碳价格（元／吨，见附表）；

$R_{碳}$——二氧化碳中碳的含量，为 27.27%；

A——林分面积（公顷）；

F——森林生态功能修正系数；

d——贴现率。

公式得出森林的潜在年固碳价值，再从其中减去由于森林年采伐消耗量造成的碳损失，即为森林的实际年固碳价值。

2. 释氧指标

（1）年释氧量。公式如下：

$$G_{氧气} = 1.19A \cdot B_{年} \cdot F \tag{3-17}$$

式中：$G_{氧气}$——实测林分年释氧量（吨／年）；

$B_{年}$——实测林分净生产力 [吨／（公顷·年）]；

A——林分面积（公顷）；

F——森林生态功能修正系数。

（2）年释氧价值。年释氧价值采用以下公式计算：

$$U_{氧} = 1.19C_{氧}A \cdot B_{年} \cdot F \cdot d \tag{3-18}$$

式中：$U_{氧}$——实测林分年释氧价值（元／年）；

$B_{年}$——实测林分年净生产力 [吨 /（公顷·年）]；

$C_{氧}$——制造氧气的价格（元 / 吨，见附表）；

A——林分面积（公顷）；

F——森林生态功能修正系数；

d——贴现率。

（四）林木积累营养物质功能。

森林在生长过程中不断从周围环境吸收营养物质，固定在植物体中，成为全球生物化学循环不可缺少的环节，为此选用林木营养积累指标反映森林林木积累营养物质功能。

1. 林木营养物质年积累量

林木年积累氮、磷、钾的计算公式如下：

$$G_{氮} = A \cdot N_{营养} \cdot B_{年} \cdot F \qquad\qquad (3\text{-}19)$$

$$G_{磷} = A \cdot P_{营养} \cdot B_{年} \cdot F \qquad\qquad (3\text{-}20)$$

$$G_{钾} = A \cdot K_{营养} \cdot B_{年} \cdot F \qquad\qquad (3\text{-}21)$$

式中：$G_{氮}$——植被固氮量（吨 / 年）；

$G_{磷}$——植被固磷量（吨 / 年）；

$G_{钾}$——植被固钾量（吨 / 年）；

$N_{营养}$——林木氮元素含量（%）；

$P_{营养}$——林木磷元素含量（%）；

$K_{营养}$——林木钾元素含量（%）；

$B_{年}$——实测林分净生产力 [吨 /（公顷·年）]；

A——林分面积（公顷）；

F——森林生态功能修正系数。

2. 林木营养年积累价值

采取把营养物质折合成磷酸二铵化肥和氯化钾化肥方法计算林木营养积累价值，公式如下：

$$U_{营养} = A \cdot B \cdot \left(\frac{N_{营养} \cdot C_1}{R_1} + \frac{P_{营养} \cdot C_1}{R_2} + \frac{K_{营养} \cdot C_2}{R_3} \right) \cdot F \cdot d \qquad (3\text{-}22)$$

式中：$U_{营养}$——实测林分氮、磷、钾年增加价值（元 / 年）；

$N_{营养}$——实测林木含氮量（%）；

$P_{营养}$——实测林木含磷量（%）；

$K_{营养}$——实测林木含钾量（%）；

R_1——磷酸二铵含氮量（%，见附表）；

R_2——磷酸二铵含磷量（%，见附表）；

R_3——氯化钾含钾量（%，见附表）；

C_1——磷酸二铵化肥价格（元／吨，见附表）；

C_2——氯化钾平化肥价格（元／吨，见附表）；

B——实测林分净生产力 [吨／（公顷·年）]；

A——林分面积（公顷）；

F——森林生态功能修正系数；

d——贴现率。

（五）净化大气环境功能

近年灰霾天气的频繁、大范围出现，使空气质量状况成为民众和政府部门关注的焦点，大气颗粒物（如 PM_{10}、$PM_{2.5}$）被认为是造成灰霾天气的罪魁出现在人们的视野中。特别是 $PM_{2.5}$ 更是由于其对人体健康的严重威胁，成为人们关注的热点。如何控制大气污染、改善空气质量成为众多科学家研究的热点。

森林能有效吸收有害气体、滞纳粉尘、降低噪音、提供负离子等，从而起到净化大气环境的作用（图 3-9）。为此，本研究选取提供负离子、吸收污染物（二氧化硫、氟化物和氮氧化物）、滞尘、滞纳 PM_{10} 和 $PM_{2.5}$ 等 7 个指标反映森林生态系统净化大气环境能力，由于降低噪音指标计算方法尚不成熟，所以本研究中不涉及降低噪音指标。

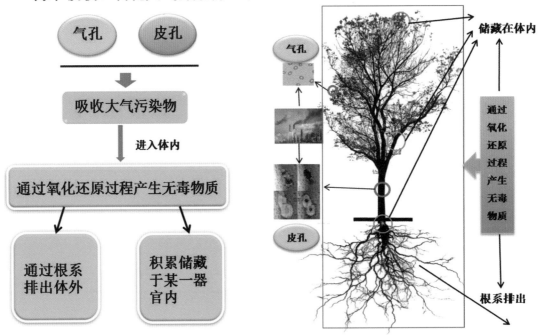

图 3-9　树木吸收空气污染物示意

1. 提供负离子指标

（1）年提供负离子量。公式如下：

$$G_{负离子} = 5.256 \times 10^{15} \cdot Q_{负离子} \cdot A \cdot H \cdot F/L \qquad (3\text{-}23)$$

式中：$G_{负离子}$——实测林分年提供负离子个数（个 / 年）；

$Q_{负离子}$——实测林分负离子浓度（个 / 立方厘米）；

H——林分高度（米）；

L——负离子寿命（分钟，见附表）；

A——林分面积（公顷）；

F——森林生态功能修正系数。

（2）年提供负离子价值。国内外研究证明，当空气中负离子达到 600 个 / 立方厘米以上时，才能有益人体健康，所以林分年提供负离子价值采用如下公式计算：

$$U_{负离子} = 5.256 \times 10^{15} \cdot A \cdot H \cdot K_{负离子} (Q_{负离子} - 600) \cdot F \cdot d/L \qquad (3\text{-}24)$$

公式中：$U_{负离子}$——实测林分年提供负离子价值（元 / 年）；

$K_{负离子}$——负离子生产费用（元 / 个，见附表）；

$Q_{负离子}$——实测林分负离子浓度（个 / 立方厘米）；

L——负离子寿命（分钟，见附表）；

H——林分高度（米）；

A——林分面积（公顷）；

F——森林生态功能修正系数；

d——贴现率。

2. 吸收污染物指标

二氧化硫、氟化物和氮氧化物是大气污染物的主要物质（图 3-10），因此本研究选取森林吸收二氧化硫、氟化物和氮氧化物 3 个指标评估森林生态系统吸收污染物的能力。森林对二氧化硫、氟化物和氮氧化物的吸收，可使用面积 - 吸收能力法、阈值法、叶干质量估算法等。本研究采用面积 - 吸收能力法评估森林吸收污染物的总量和价值。

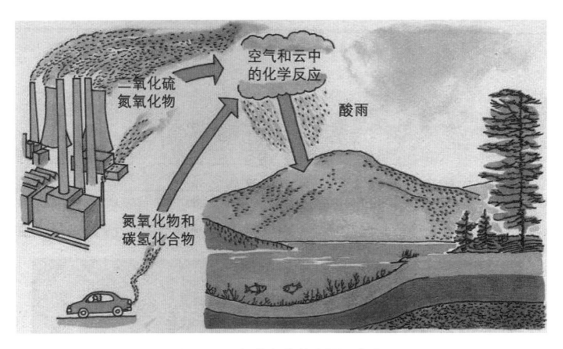

图 3-10 污染气体的来源及危害

（1）吸收二氧化硫。主要计算林分年吸收二氧化硫的物质量和价值量。

① 林分二氧化硫年吸收量公式：

$$G_{二氧化硫} = Q_{二氧化硫} \cdot A \cdot F / 1000 \tag{3-25}$$

式中：$G_{二氧化硫}$——实测林分年吸收二氧化硫量（吨／年）；

$Q_{二氧化硫}$——单位面积实测林分年吸收二氧化硫量[千克／（公顷·年）]；

A——林分面积（公顷）；

F——森林生态功能修正系数。

②年吸收二氧化硫价值：

$$U_{二氧化硫} = K_{二氧化硫} \cdot Q_{二氧化硫} A \cdot F \cdot d \tag{3-26}$$

式中：$U_{二氧化硫}$——实测林分年吸收二氧化硫价值（元／年）；

$K_{二氧化硫}$——二氧化硫的治理费用（元／千克）；

$Q_{二氧化硫}$——单位面积实测林分年吸收二氧化硫量[千克／（公顷·年）]；

A——林分面积（公顷）；

F——森林生态功能修正系数；

d——贴现率。

（2）吸收氟化物。主要计算林分年吸收氟化物物质量和价值量。

①氟化物年吸收量：

$$G_{氟化物} = Q_{氟化物} \cdot A \cdot F / 1000 \qquad (3\text{-}27)$$

式中：$G_{氟化物}$——实测林分年吸收氟化物量（吨／年）；

$\quad Q_{氟化物}$——单位面积实测林分年吸收氟化物量［千克／（公顷·年）］；

$\quad A$——林分面积（公顷）；

$\quad F$——森林生态功能修正系数。

② 年吸收氟化物价值：

$$U_{氟化物} = K_{氟化物} \cdot Q_{氟化物} \cdot A \cdot F \cdot d \qquad (3\text{-}28)$$

式中：$U_{氟化物}$——实测林分年吸收氟化物价值（元／年）；

$\quad Q_{氟化物}$——单位面积实测林分年吸收氟化物量［千克／（公顷·年）］；

$\quad K_{氟化物}$——氟化物治理费用（元／千克，见附表）；

$\quad A$——林分面积（公顷）；

$\quad F$——森林生态功能修正系数；

$\quad d$——贴现率。

（3）吸收氮氧化物。主要计算林分年吸收氮氧化物物质量和价值量。

① 氮氧化物年吸收量：

$$G_{氮氧化物} = Q_{氮氧化物} \cdot A \cdot F / 1000 \qquad (3\text{-}29)$$

式中：$G_{氮氧化物}$——实测林分年吸收氮氧化物量（吨／年）；

$\quad Q_{氮氧化物}$——单位面积实测林分年吸收氮氧化物量［千克／（公顷·年）］；

$\quad A$——林分面积（公顷）；

$\quad F$——森林生态功能修正系数。

② 年吸收氮氧化物价值：

$$U_{氮氧化物} = K_{氮氧化物} \cdot Q_{氮氧化物} \cdot A \cdot F \cdot d \qquad (3\text{-}30)$$

式中：$U_{氮氧化物}$——实测林分年吸收氮氧化物价值（元／年）；

$\quad K_{氮氧化物}$——氮氧化物治理费用（元／千克）；

$\quad Q_{氮氧化物}$——单位面积实测林分年吸收氮氧化物量［千克／（公顷·年）］；

$\quad A$——林分面积（公顷）；

$\quad F$——森林生态功能修正系数；

$\quad d$——贴现率。

3. 滞尘指标

鉴于近年来人们对 PM_{10} 和 $PM_{2.5}$ 的关注，本研究在评估总滞尘量及其价值的基础上，将 PM_{10} 和 $PM_{2.5}$ 从总滞尘量中分离出来进行了单独的物质量和价值量评估。

（1）年总滞尘量。公式如下：

$$G_{滞尘} = Q_{滞尘} \cdot A \cdot F / 1000 \tag{3-31}$$

式中：$G_{滞尘}$——实测林分年滞尘量（吨／年）；

　　　　$Q_{滞尘}$——单位面积实测林分年滞尘量［千克／（公顷·年）］；

　　　　A——林分面积（公顷）；

　　　　F——森林生态功能修正系数。

（2）年滞尘总价值。本研究中，采用健康危害损失法计算林分滞纳 PM_{10} 和 $PM_{2.5}$ 的价值。其中，PM_{10} 采用的是治疗因空气颗粒物污染而引发的上呼吸道疾病的费用；$PM_{2.5}$ 采用的是治疗因为空气颗粒物污染而引发的下呼吸道疾病的费用。林分滞纳其余颗粒物的价值仍选用降尘清理费用计算。公式如下：

$$U_{滞尘} = (Q_{滞尘} - Q_{PM_{10}} - Q_{PM_{2.5}}) \cdot A \cdot K_{滞尘} \cdot F \cdot d + U_{PM_{10}} + U_{PM_{2.5}} \tag{3-32}$$

式中：$U_{滞尘}$——实测林分年滞尘价值（元／年）；

　　　　$Q_{PM_{10}}$——单位面积实测林分年滞纳 PM_{10} 量［千克／（公顷·年）］；

　　　　$Q_{PM_{2.5}}$——单位面积实测林分年滞纳 $PM_{2.5}$ 量［千克／（公顷·年）］；

　　　　$Q_{滞尘}$——单位面积实测林分年滞尘量［千克／（公顷·年）］；

　　　　$U_{PM_{2.5}}$——实测林分年滞纳 $PM_{2.5}$ 的价值（元／年）；

　　　　$U_{PM_{10}}$——实测林分年滞纳 PM_{10} 的价值（元／年）；

　　　　$K_{滞尘}$——降尘清理费用（元／千克，见附表）；

　　　　A——林分面积（公顷）；

　　　　F——森林生态功能修正系数；

　　　　d——贴现率。

4. 滞纳 PM_{10}

（1）年滞纳 PM_{10} 量。公式如下：

$$G_{PM_{10}} = 10 \cdot Q_{PM_{10}} \cdot A \cdot n \cdot F \cdot LAI \tag{3-33}$$

式中：$G_{PM_{10}}$——实测林分年滞纳 PM_{10} 的量（千克／年）；

　　　　$Q_{PM_{10}}$——实测林分单位叶面积滞纳 PM_{10} 量（克／平方米）；

　　　　A——林分面积（公顷）；

n——洗脱次数；

F——森林生态功能修正系数；

LAI——叶面积指数。

（2）年滞纳 PM_{10} 价值。公式如下：

$$U_{PM10} = 10 \cdot C_{PM_{10}} \cdot Q_{PM_{10}} \cdot A \cdot n \cdot F \cdot LAI \cdot d \qquad （3\text{-}34）$$

式中：$U_{PM_{10}}$——实测林分年滞纳 PM_{10} 价值（元/年）；

　　　$C_{PM_{10}}$——由 PM_{10} 所造成的健康危害经济损失（治疗上呼吸道疾病的费用）（元/千克）；

　　　$Q_{PM_{10}}$——实测林分单位叶面积滞纳 PM_{10} 量（克/平方米）；

　　　A——林分面积（公顷）；

　　　n——洗脱次数；

　　　F——森林生态功能修正系数；

　　　LAI——叶面积指数；

　　　d——贴现率。

5. 滞纳 $PM_{2.5}$ （图 3-11）

（1）年滞纳 $PM_{2.5}$ 量。公式如下：

$$G_{PM_{2.5}} = 10 \cdot Q_{PM_{2.5}} \cdot A \cdot n \cdot F \cdot LAI \qquad （3\text{-}35）$$

式中：$G_{PM_{2.5}}$——实测林分年滞纳 $PM_{2.5}$ 的量（千克/年）；

　　　$Q_{PM_{2.5}}$——实测林分单位叶面积滞纳 $PM_{2.5}$ 量（克/平方米）；

　　　A——林分面积（公顷）；

　　　n——年洗脱次数；

　　　F——森林生态功能修正系数；

　　　LAI——叶面积指数。

（2）年滞纳 $PM_{2.5}$ 价值。公式如下：

$$U_{PM_{2.5}} = 10 \cdot C_{PM_{2.5}} \cdot Q_{PM_{2.5}} \cdot A \cdot n \cdot F \cdot LAI \cdot d \qquad （3\text{-}36）$$

式中：$U_{PM_{2.5}}$——实测林分年滞纳 $PM_{2.5}$ 价值（元/年）；

　　　$C_{PM_{2.5}}$——由 $PM_{2.5}$ 所造成的健康危害经济损失（治疗下呼吸道疾病的费用）（元/

千克，见附表）；

$Q_{PM_{2.5}}$——实测林分单位叶面积滞纳 $PM_{2.5}$ 量（克／平方米）；

A——林分面积（公顷）；

n——洗脱次数；

F——森林生态功能修正系数；

LAI——叶面积指数；

d——贴现率。

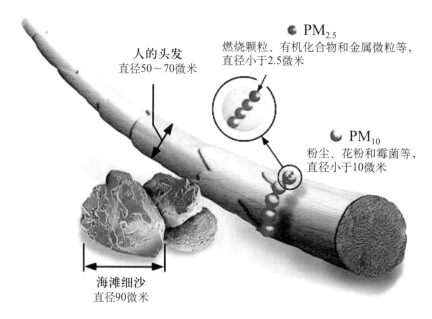

图 3-11　$PM_{2.5}$ 颗粒直径示意

（六）生物多样性保护

生物多样性维护了自然界的生态平衡，并为人类的生存提供了良好的环境条件。生物多样性是生态系统不可缺少的组成部分，对生态系统服务功能的发挥具有十分重要的作用（王兵等，2012）。Shannon-Wiener 指数是反映森林中物种的丰富度和分布均匀程度的经典指标。传统 Shannon-Wiener 指数对生物多样性保育等级的界定不够全面。本研究增加濒危指数、特有种指数和古树指数，对 Shannon-Wiener 指数进行修正，以利于生物资源的合理利用和相关部门保护工作的合理分配。

修正后的生物多样性保护功能评估公式如下：

$$U_{总} = \left(1+0.1\sum_{m=1}^{x} E_m + 0.1\sum_{n=1}^{y} B_n + 0.1\sum_{r=1}^{z} O_r\right) \cdot S_1 \cdot A \cdot d \tag{3-37}$$

式中：$U_{总}$——实测林分年生物多样性保护价值（元／年）；

E_m——实测林分或区域内物种 m 的濒危分值（表 3-6）；

B_n——评估林分或区域内物种n的特有种（表3-7）；

O_r——评估林分（或区域）内物种r的古树年龄指数（表3-8）；

x——计算濒危指数物种数量；

y——计算特有种指数物种数量；

z——计算古树年龄指数物种数量；

$S_生$——单位面积物种多样性保护价值量 [元 /（公顷·年）]；

A——林分面积（公顷）；

d——贴现率。

表3-6　物种濒危指数体系

濒危指数	濒危等级	物种种类
4	极危	参见《中国物种红色名录（第一卷）：红色名录》
3	濒危	
2	易危	
1	近危	

表3-7　特有种指数体系

特有种指数	分布范围
4	仅限于范围不大的山峰或特殊的自然地理环境下分布
3	仅限于某些较大的自然地理环境下分布的类群，如仅分布于较大的海岛（岛屿）、高原、若干个山脉等
2	仅限于某个大陆分布的分类群
1	至少在2个大陆都有分布的分类群
0	世界广布的分类群

注：参见《植物特有现象的量化》（苏志尧，1999）。

表3-8　古树年龄指数体系

古树年龄	指数等级	来源及依据
100～299年	1	参见全国绿化委员会、国家林业局文件《关于开展古树名木普查建档工作的通知》
300～499年	2	
≥500年	3	

本次评估根据Shannon-Wiener指数计算生物多样性保护价值，共划分7个等级，即：

当指数 <1 时，$S_生$为 3000[元 /（公顷·年）]；

当 1≤指数< 2 时，$S_生$为 5000[元 /（公顷·年）]；

当 2≤指数< 3 时，$S_生$为 10000[元 /（公顷·年）]；

当 3≤指数＜4 时，$S_生$为 20000[元 /（公顷·年）]；

当 4≤指数＜5 时，$S_生$为 30000[元 /（公顷·年）]；

当 5≤指数＜6 时，$S_生$为 40000[元 /（公顷·年）]；

当指数≥6 时，$S_生$为 50000[元 /（公顷·年）]。

再通过价格折算系数将 2008 年价格折算至 2016 年现价。

（七）森林游憩

森林游憩是指森林生态系统为人类提供休闲娱乐场所，使人消除疲劳、身心愉悦、有益健康的功能。本评估采用游憩费用法计算森林游憩价值，即计算时直接采用评估年限林业系统管辖的自然保护区、森林公园全年的旅游收入数据。由于本次评估所采用的生态因子数据为实测数据，模型中的 F 值为 1。因此，森林游憩功能的计算公式：

$$U_r= \sum (Y_i+Y_i')　　　　　　　　　　(3\text{-}38)$$

式中：U_r——森林游憩功能的价值量（元 / 年）；

　　　Y_i——i 市森林公园的直接收入（元）；

　　　Y_i' ——i 市森林公园的间接收入（元）；

　　　i——贵州省 i 市。

第四章
贵州省森林生态系统
服务功能物质量评估

森林生态系统服务物质量评估主要是从物质量的角度对森林生态系统所提供的各项服务进行定量评估，依据中华人民共和国林业行业标准《森林生态系统服务功能评估规范》(LY/T 1721—2008)，本章将对贵州省森林生态系统服务功能的物质量开展评估研究，进而揭示贵州省森林生态系统服务的特征。

> 物质量评估主要是对生态系统提供服务的物质数量进行评估，即根据不同区域、不同生态系统的结构、功能和过程，从生态系统服务功能机制出发，利用适宜的定量方法确定生态系统服务功能的质量数量。物质量评估的特点是评价结果比较直观，能够比较客观地反映生态系统的生态过程，进而反映生态系统的可持续性。

第一节　贵州省森林生态系统服务功能总物质量

经查阅《中国森林资源及其生态功能四十年监测与评估》专著得知，贵州省第一次至第三次清查期各项生态服务功能物质量呈下降趋势，第四次清查期开始，呈逐渐上升的趋势。贵州是首批国家三个生态文明试验区之一。目前，全省已建有自然保护区 119 个，其中，国家级自然保护区 10 个。贵州省 2016 年贵州省森林面积 973.59 万公顷，森林覆盖率 55.3%，森林蓄积量 4.49 亿立方米，另有一般灌木林面积 26.95 万公顷。森林生态服务功能在涵养水源、保育土壤、固碳释氧、林木积累营养物质、净化大气环境 5 个方面的物质量（表 4-1）。

表 4-1　贵州省森林生态服务功能总物质量

功能项	功能分项		物质量
涵养水源	调节水量（亿立方米/年）		213.02
保育土壤	固土（万吨/年）		21567
	氮（万吨/年）		35.42
	磷（万吨/年）		14.87
	钾（万吨/年）		303.92
	有机质（万吨/年）		932.32
固碳释氧	固碳（万吨/年）		2724.70
	释氧（万吨/年）		6270.17
林木积累营养物质	氮（万吨/年）		36.45
	磷（万吨/年）		6.49
	钾（万吨/年）		42.24
净化大气环境	提供负离子（$\times 10^{25}$个/年）		5.95
	吸收二氧化硫（万吨/年）		112.91
	吸收氟化物（万吨/年）		4.09
	吸收氮氧化物（万吨/年）		4.62
	滞尘量	滞纳TSP（万吨/年）	16788.86
		滞纳PM_{10}（万千克/年）	12929.88
		滞纳$PM_{2.5}$（万千克/年）	3281.21

　　贵州省内河流分属长江流域和珠江流域。长江流域面积 115747 平方千米，占全省总面积的 65.7%，包括乌江水系、洞庭湖（沅江）水系、牛栏江和横江水系、赤水河和綦江水系。主要河流有乌江、赤水河、清水江、潕阳河、锦江、松桃河、松坎河、牛栏江、横江、洪州河等。珠江流域面积 60420 平方千米，占全省总面积的 43.3%，包括南北盘江水系、红水河水系。主要河流有南盘江、北盘江、红水河、都柳江、打帮河、蒙江、打狗河等。全省河流顺地势由西部、中部向北、东、南三面分流。2016 年贵州省水资源总量 1066.10 亿立方米（贵州省统计局，2017），占全国水资源总量 27962.60 亿立方米（国家统计局，2016）的 4.15%，人均水资源量 2999.00 亿立方米，用水总量 100.31 亿立方米。经查阅 2016 年贵州省水资源公报得知，全省 93 座大中型水库年末蓄水量 260.41 亿立方米。由表 4-1 可知，贵州省森林生态系统涵养水源量占全省水资源总量的 19.98%，占 93 座大中型水库蓄水量的 81.80%。由此可以看出，贵州省的森林生态系统可谓是"绿色""安全"的蓄水库，其对于维护贵州省内乃至长江、珠江上游人民生产生活的安全具有十分重要作用。

　　贵州省是一个喀斯特地貌极度发育、纬度较低、切割强烈、地表起伏度大、多山地的亚热带高原山区。对于贵州省而言，最突出的生态环境问题是水土流失和石漠化。由于以碳酸盐岩为主的基岩分布广泛，导致土层浅薄、透水性低，加上喀斯特通道、溶洞、裂隙等较多，使得该地区水土流失敏感性较高（吴松等，2016）。而坡度和地貌类型的组合则为贵州省水土流失的发生提供了现实可能，山高坡陡，地形起伏大，为土壤侵蚀提供了势能（刘智慧等，2014）。因此，该地区极易发生土壤侵蚀。通过查阅文献可知，自20世纪80年代以来，贵州省先后实施了长江上游防护林工程、珠江上游防护林工程、山区农业综合开发工程、以工代赈改梯工程、基本绿化贵州工程、联合国粮食计划署《中国3365项目工程》等多项大型生态建设工程、天然林保护、退耕还林（草）、封山育林等。这些工程的实施在一定程度上缓解了水土流失（熊康宁等，2011）。2010年贵州省森林生态系统的土壤侵蚀总量为6800万吨/年（李和平等，2014）。从表4-1中可以看出，贵州省森林生态系统固土量为21567万吨/年，则约相当于其土壤侵蚀量的3~4倍，这足以说明贵州省森林生态系统的固土功能对于固持土壤，保护人民群众的生产、生活和财产安全的意义重大，进而维持了贵州省社会、经济、生态环境的可持续发展。

贵州是我国能源大省，水、电、煤等多种能源兼备。作为国家生态文明试验区及扶贫主战场，受制于多山地形、喀斯特脆弱生态环境等诸多原因，长期存在经济结构不合理、产业结构层次低、经济发展过多依赖资源开发利用、能源消耗巨大等问题，故以煤炭等化石燃料为主的能源消费结构及碳排放总量快速增加的现状成为贵州实现"低碳经济"的重大阻碍，在降低单位能源的二氧化碳排放强度方面比其他省份面临更大的困难。"十三五"期间，贵州省提出把低碳发展作为全省经济社会发展的重大战略和生态文明建设的重要途径，强化低碳引领，推动能源革命，倡导文明、节约、绿色、低碳的消费模式和生活方式（李旭东，2018）。因此，随着国家生态文明政策的推动及贵州省国家生态文明试点工作的展开，能源结构调整及节能减排工作的有序推进，清洁能源如风能、天然气等的使用，使得贵州省研究期内碳排放强度已呈现下降趋势（芦颖等，2018）。经查询《贵州省统计年鉴2017》（贵州省统计局，2017）可知，2016年贵州省能源终端的消费总量为9444.78万吨标准煤，主要能源消费对象包括煤炭、煤油、液化石油气、天然气、煤气、电力等。经碳排放转换系数［国家计委能源所（现为国家发展与改革委员会能源研究所），1999；徐国泉等，2006］换算得到，贵州省2016年碳排放量为7101.34万吨，由表4-1可知，贵州省森林生态系统固碳量为2724.7万吨/年，则相当于吸收了2015年贵州省碳排放量的38.37%。由此可以看出，与工业减排相比，贵州省的森林生态系统固碳功能投资少、代价低，对于实现减排目标，更具有经济的可行性和现实的可操作性。

近年来，贵州省正处工业化、城镇化快速发展的时期，居民消费增长和消费结构升级都明显增加了生活能源的需求，由此产生的能源消费问题不断增长，大气污染与机动车尾气排放污染问题日益严峻。经查阅《贵州省统计年鉴2017》可知，2016年贵州省二氧化硫排放总量为64.71万吨，而贵州省森林生态系统二氧化硫吸收量为112.91万吨，这相当于吸收2016年贵州省二氧化硫排放量的1.7倍；2016年贵州省城市污染物中，二氧化硫年均浓度

值 0.016 毫克 / 立方米、二氧化氮年均浓度值 0.021 毫克 / 立方米、可吸入颗粒物年均浓度值 0.054 毫克 / 立方米、烟（粉）尘排放总量 20.43 万吨。由表 4-1 数据可知，贵州省森林生态系统在吸收大气污染物、滞纳城市内的空气颗粒物、净化大气环境方面具有明显作用。

第二节　贵州省各市（州）森林生态系统服务功能物质量评估结果

贵州省下辖贵阳、遵义、六盘水、安顺、毕节、铜仁 6 个地级市，黔东南、黔南、黔西南 3 个民族自治州。本次评估按照各市（州）的森林资源数据，根据公式评估出 2016 年贵州省各市（州）的森林生态系统服务功能的物质。

贵州省各市（州）的森林生态系统服务物质量见表 4-2，其各项森林生态系统服务物质量在各市（州）的空间分布格局如图 4-1 至图 4-18。

一、涵养水源

森林植被与水文过程有着重要的生态效应，主要表现在森林植被的林冠层、枯落物层和土壤层拦截蓄水，通过自身的蒸腾、抑制蒸发影响某一区域的降水量，以及经过森林植被层截留发生各种物理化学过程，净化水质、调节径流等方面。

由表 4-2、图 4-1 可知，贵州省森林生态系统调节水量变化趋势由西向东逐渐增多。其中，调节水量最高的 3 个市（州）分别为黔东南州、黔南州、遵义市，占全省总量的 55.05%；最低的 3 个市为六盘水市、安顺市、贵阳市，占全省总量的 14.09%。由于全省地势西高东低，地貌类型复杂多样，降水量时空分布不均，加之境内岩溶地貌发育十分典型且广布，使得贵州省洪、涝、旱等多种自然灾害频繁发生，严重地威胁着贵州省社会经济的可持续发展。因此，处于快速工业化和城市化过程中的贵州，必须将水资源的永续利用与保护作为实施可持续发展的战略重点，以促进贵州省"生态—经济—社会"三维复合系统的健康运行与协调发展。如何破解这一难题，应对贵州省水资源不足的矛盾，只有从增加贮备和合理用水这两方面着手，建设水利设施拦截水流增加贮备的工程方法，已受到贵州省有关方面重视并取得一定的成效。但运用生物工程的方法，特别是发挥森林植被的涵养水源功能，也应引起人们的高度重视。

经查阅贵州省 2017 年统计年鉴了解到，贵州省各市（州）的森林生态系统调节水量远远大于 2016 年的各市（州）全年供水量。另外，贵州省的各市（州）的森林生态系统涵养水源能力各异，据相关研究表明，贵州省的各市（州）的水源涵养物质量分布状况与生态系统的分布有直接关系，即植被覆盖度、发育度指数以及径流系数的值较高的森林生态系统，

表 4-2　贵州省森林生态服务功能物质量区域分布

市（州）	安顺	毕节	贵阳	六盘水	黔东南州	黔南州	黔西南州	铜仁	遵义	合计
森林面积（万公顷）	45.3	125.0	37.3	50.0	207.0	164.4	90.2	105.5	174.7	999.4
涵养水源（亿立方米/年）	10.2	22.0	8.8	11.0	45.0	36.8	20.5	23.1	35.3	212.75
保育土壤　固土（万吨/年）	978.8	2695.7	803.8	1073.5	4450.9	3557.2	1945.4	2264.0	3772.7	21542.00
保育土壤　固氮（万吨/年）	2.0	4.0	1.4	1.7	7.1	6.2	3.4	3.4	6.2	35.40
保育土壤　固磷（万吨/年）	0.7	2.0	0.7	0.9	2.9	2.5	1.5	1.4	2.4	14.90
保育土壤　固钾（万吨/年）	13.3	41.4	9.8	14.5	59.3	49.1	28.0	34.0	54.3	303.60
保育土壤　固有机质（万吨/年）	40.5	113.8	36.4	47.4	208.4	149.6	85.0	89.6	160.8	931.20
固碳释氧　固碳（万吨/年）	118.5	316.2	104.1	127.9	589.9	458.0	236.0	292.7	478.1	2721.50
固碳释氧　释氧（万吨/年）	270.8	718.7	240.6	291.2	1367.4	1057.9	539.4	675.7	1101.1	6262.80
林木积累营养物质　氮（万吨/年）	1.8	4.6	1.5	2.1	6.8	6.0	3.6	3.8	6.2	36.40
林木积累营养物质　磷（万吨/年）	0.3	0.8	0.3	0.4	1.1	1.1	0.7	0.6	1.2	6.50
林木积累营养物质　钾（万吨/年）	2.1	5.1	1.6	2.2	8.3	7.2	4.0	4.4	7.3	42.20
净化大气环境　提供负离子（×10²⁵个/年）	0.2	0.56	0.25	0.18	1.51	0.95	0.41	0.74	1.17	5.95
净化大气环境　吸收二氧化硫（万吨/年）	4.6	13.2	4.2	4.9	24.3	17.0	9.0	13.9	21.7	112.8
净化大气环境　吸收氟化物（万吨/年）	0.1	0.5	0.2	0.2	1.0	0.7	0.3	0.5	0.7	4.09
净化大气环境　吸收氮氧化物（万吨/年）	0.2	0.5	0.2	0.2	1.1	0.7	0.4	0.6	0.8	4.62
净化大气环境　滞尘量　滞纳TSP（万吨/年）	0.47	1.84	0.68	0.60	4.50	2.49	1.04	2.23	2.91	16.77
净化大气环境　滞尘量　滞纳PM₁₀（万吨/年）	0.43	1.61	0.51	0.51	2.99	2.01	0.87	1.59	2.38	12.93
净化大气环境　滞尘量　滞纳PM₂.₅（万吨/年）	0.10	0.42	0.13	0.12	0.77	0.51	0.21	0.40	0.62	3.28

注：此表物质量区域分布不含贵安新区。

其涵养水源能力明显高于人口与工业用地较为密集的区域（如贵阳市、六盘水市），这也恰恰说明了森林生态系统的涵养水源能力在一定程度上可以保证社会的水资源安全。贵州省东西部地区降雨量存在较大的差别，黔东南地区降雨量远远大于西部地区，年均降雨量差别在800毫米以上。地质灾害的发生往往是因为时间集中、高强度的降雨所导致的，森林生态系统的土壤中众多的大孔隙由植物根系在生长过程中及死亡腐烂后形成，然后使得地表径流在土壤中可以快速转移，从而加快了土壤的入渗速率。另一方面，各市（州）的森林生态系统又有效地将高强度的降雨截留，极大程度地降低了地质灾害发生的可能，增加了水资源的有效利用效率，对人们生命财产安全和农田产量起到了重要的保护作用。

图 4-1　贵州省各市（州）森林生态系统调节水量分布

二、保育土壤

固土量最高的 3 个市（州）分别为黔东南州、遵义市、黔南州，占全省总量的 54.69%；最低的 3 个市（州）为六盘水市、安顺市、贵阳市，仅占全省总量的 13.26%。保育土壤除了与各市（州）的主要森林面积相关外，还与林地所在的地形地貌、土壤类型等因子密切相关。水土流失问题是我国目前所面临的重要环境问题之一，因为它不仅直接关系到一个区域的农林牧生产，而且还影响到资源利用、防灾减灾乃至社会经济的可持续发展和进步。贵州省作为西南喀斯特典型的生态环境脆弱区，严重的水土流失与石漠化问题给贵州生态环境带来严重不良影响，主要危害有地表土大量流失、土层减薄、肥力下降，造成水库、河道淤积，形成破坏性巨大的泥石流，毁坏农田、房屋，造成人畜伤亡（熊康宁，2011）。森林凭借庞大的树冠、深厚枯枝落叶层及强壮且成网络的根系截留大气降水，减少或免遭雨水对土壤表层的直接冲击，有效地固持土体，降低了地表径流对土壤的侵蚀，使土壤流失量大大降低。而且森林的生长发育及其代谢产物不断对土壤产生物理及化学影响，参与土体内部的能量转换与物质循环，使土壤肥力提高。近年来，贵州省喀斯特地区实施了大量的水土保持治理措施，以及一系列有关水土流失科研问题的研究。有数据显示，2015 年全省水土流失面积为 48719.87 平方千米；贵州省两大流域水土流失面积均有所下降，但长江流域水土流失比例较珠江流域略高。另外，贵州省内还分布有乌江渡、天生桥、东风、水泊渡、红枫湖、梭筛、百花、索风营、观音岩、思林、洪家渡、引子渡等大型水库，其森林生态系统的固土作用有效地延长了水库的使用寿命，为本区域的社会、经济发展提供了重要保障。

贵州省长江流域西部是云南高原向黔中山原的过渡地带，地貌以高原山地为主，分布有丘陵洼地、岩溶峰丛山地、断裂谷地等地貌，流域内牛栏江水系和乌江水系上游由于经济条件比较落后，人口持续增长，垦殖率高，林草覆盖度低，强烈等级以上的水土流失集中分布；而珠江流域地貌则以山原丘陵盆地为主，地势北高南低、西高东低，沟谷水系发育。由于地形切割强烈，地势起伏大，岩石土壤抗蚀力弱，因此在砂页岩区多发水力侵蚀、滑坡、坍塌、洪涝灾害等。流域西部南盘江和北盘江的切割影响，地面切割破碎，地势起伏大，区域内石漠化十分严重；东部是土层较厚的非碳酸盐岩地区，林草覆盖度很高，耕地少且以水田为主，土壤侵蚀强度低（秦志佳等，2017）。根据 2016 年贵州省 9 个市（州）人民政府防汛抗旱指挥部办公室上传的年度统计报表计算显示，2016 年贵州省各地强降雨天气频繁，先后发生 20 次区域性强降雨天气过程，出现特大暴雨 48 站次、大暴雨 643 站次、暴雨 4034 站次，都柳江、锦江等 15 条河流发生超保证水位洪水 8 次、超警戒水位洪水 28 次，部分溪河发生严重山洪，洪涝灾害相当严重。经统计因洪涝灾害造成的直接经济损失为 109.189 亿元，受灾面积 1649.4 平方千米。其中，黔东南州和铜仁市洪涝灾害等级为较大洪涝灾害年，贵阳市、六盘水市等 7 个地区洪涝灾害等级为一般洪涝灾害年，这严重地影响了当地人们的生命财产安全。而大量的研究表明，植物的庞大根系可以起到强大的固土作用，防止滑坡、崩塌、泥石流等地质灾害的发生。从评估结果可以看出，贵州省东部地区的森林生态系统固土量占全省总固土量的 65.2%，在一定程度上降低了以滑坡和崩塌为代表的地质灾害发生的可能，由此可见，森林生态系统在防止滑坡和崩塌方面发挥了巨大的作用。

固定土壤养分最高的 3 个市（州）分别为黔东南州、遵义市、黔南州，占全省总量的 55.15%；最低的 3 个市（州）为六盘水市、安顺市、贵阳市，仅占全省总量的 13.15%（图 4-2 至图 4-6）。黔东南州、遵义市、黔南州分布有全省重要的水库和湿地，同时还分布多条河流的干流和支流，生态区位十分重要，其森林生态系统所发挥的固定土壤养分功能，对于保障湿地水质安全，以及维护长江与珠江流域的生态安全和生态系统稳定、保障经济社会可持续发展，具有十分重要的现实意义和深远的战略意义。因为水土流失过程中会携带大量的养分和重金属进入江河湖库，污染水体，使水体富营养化；越是水土流失严重的区域，往往因为土层瘠薄，化肥、农药的使用量也越是较大，由此形成一种恶性循环。通过统计数据显示，2016 年贵州省生态环境的水污染事故发生 12 起。所以，贵州省东部地区的森林生态系统的保肥功能对于维护贵州省林业经济的稳定发挥具有十分重要的作用。

图 4-2　贵州省各市（州）森林生态系统固土量分布

单位：万吨/年
- <2
- 2~3
- 3~4
- 4~6.5
- >6.5

图 4-3 贵州省各市（州）森林生态系统固氮量分布

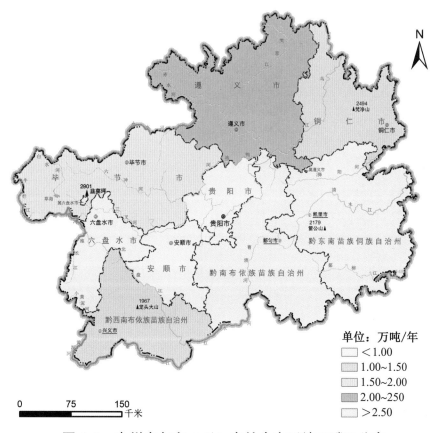

单位：万吨/年
- <1.00
- 1.00~1.50
- 1.50~2.00
- 2.00~250
- >2.50

图 4-4 贵州省各市（州）森林生态系统固磷量分布

图4-5 贵州省各市（州）森林生态系统固钾量分布

图4-6 贵州省各市（州）森林生态系统固定有机质量分布

三、固碳释氧

固碳量最高的 3 个市（州）分别为黔东南州、遵义市、黔南州，占全省总量的 56.07%；最低的 3 个市（州）为六盘水市、安顺市、贵阳市，仅占全省总量的 12.86%（图 4-7）。

森林是陆地生态系统固碳的主体，森林碳库在全球碳循环和减缓气候变化中起着不可替代的作用。准确地估算森林生态系统的固碳现状，不仅是应对气候变化的需要，也对森林经营和管理、促进森林生态系统的碳增汇均具有重要意义（尹晓芬等，2012）。森林固碳释氧机制是通过森林自身的光合作用吸收二氧化碳，并蓄积在树干、根部及枝叶等部位，并释放出氧气，从而抑制大气中二氧化碳浓度的上升，进而起到绿色减排作用。

固碳量最高的 3 个市（州）分别为黔东南州、遵义市、黔南州，占全省总量的 56.07%；最低的 3 个市（州）为六盘水市、安顺市、贵阳市，仅占全省总量的 12.86%（图 4-7）。各个市（州）森林生态系统固碳量的大小排序为黔东南＞遵义＞黔南＞毕节＞铜仁＞黔西南＞六盘水＞安顺＞贵阳，黔东南的固碳量占全省固碳量 21.68%，最小的贵阳市的固碳量仅占全省的 3.83%。释氧量最高的 3 个市（州）分别为黔东南州、遵义市、黔南州，占全省总量的 56.31%；最低的 3 个市（州）为六盘水市、安顺市、贵阳市，仅占全省总量的 12.81%（图 4-8）。释氧量的大小排序与固碳量完全一致，黔东南的释氧量占全省释氧量 21.83%，最小的贵阳市的释氧量仅占全省的 3.84%。通过评估结果表明，贵州省森林植被固碳释氧服务功

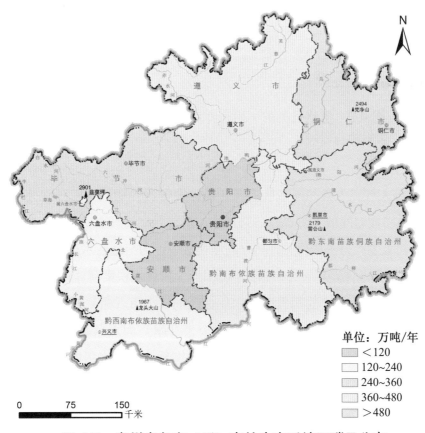

图 4-7　贵州省各市（州）森林生态系统固碳量分布

能价值由西向东明显增强，这是由于贵州省由西向东的水热条件逐渐变好，利于植物生长，所以森林的净生产力及固碳释氧服务功能价值也呈现出相同的变化趋势。其中，黔东南州和黔南州固碳释氧服务功能较强，是重要的碳汇区域。

图 4-8　贵州省各市（州）森林生态系统释氧量分布

四、积累营养物质

　　森林植被通过大气、土壤和降水吸收氮、磷、钾等营养物质并贮存在体内各器官，其林木积累营养物质功能对降低下游水源污染及水体富营养化具有重要作用。而林木积累营养物质与林分的净初级生产力密切相关，林分的净初级生产力与地区水热条件也显著相关。贵州省各市（州）的水热条件差异较大，因此各市（州）的林木积累营养物质差异也较为明显。

　　贵州省森林生态系统林木的积累营养物质最高的 3 个市（州）分别为黔东南州、遵义市、黔南州，占全省总量的 53.17%；最低的 3 个市（州）为六盘水市、安顺市、贵阳市，仅占全省总量的 14.26%。贵州省各市（州）森林生态系统的林木积累氮的大小排序为黔东南>遵义>黔南>毕节>铜仁>黔西南>六盘水>安顺>贵阳，黔东南的积累氮量最多，占全省林木积累氮量 18.79%，其次是遵义和黔南，分别占 17.12% 和 16.51%，最小的贵阳市的积累氮量仅占全省 4.04%（图 4-9）；林木积累磷量的大小排序为遵义>黔东南>黔南>毕节>黔西南>铜仁>六盘水>安顺>贵阳，遵义市的积累磷量最多，占全省林木积累氮量17.90%，最小的贵阳市的积累磷量仅占全省3.86%（图4-10）；林木积累钾量的大小排序与积累氮量一致，黔东南的积累钾量最多，占全省林木积累钾量19.77%，贵阳市积累钾量最少，仅占全省3.89%（图4-11）。

图4-9　贵州省各市（州）森林生态系统林木积累氮量分布

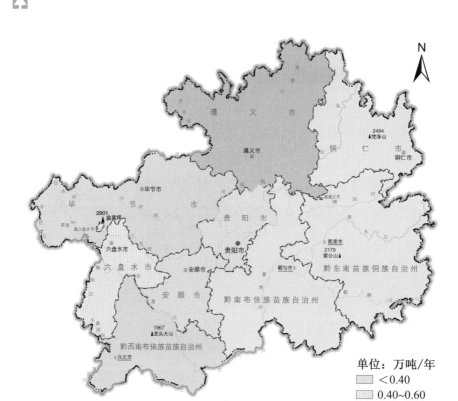

单位：万吨/年
<table>
<tr><td></td><td>＜0.40</td></tr>
<tr><td></td><td>0.40～0.60</td></tr>
<tr><td></td><td>0.60～0.90</td></tr>
<tr><td></td><td>0.90～1.10</td></tr>
<tr><td></td><td>＞1.10</td></tr>
</table>

图 4-10　贵州省各市（州）森林生态系统林木积累磷量分布

单位：万吨/年
<table>
<tr><td></td><td>＜1.80</td></tr>
<tr><td></td><td>1.80～3.60</td></tr>
<tr><td></td><td>3.60～5.40</td></tr>
<tr><td></td><td>5.40～7.30</td></tr>
<tr><td></td><td>＞7.30</td></tr>
</table>

图 4-11　贵州省各市（州）森林生态系统林木积累钾量分布

五、净化大气环境

空气负离子是一种重要的无形旅游资源，具有杀菌、降尘、清洁空气的功效，被誉为"空气维生素与生长素"，对人体健康十分有益，能改善肺器官功能，增加肺部吸氧量，促进人体新陈代谢，激活肌体多种酶和改善睡眠，提高人体免疫力、抗病能力。随着森林生态旅游的兴起及人们保健意识的增强，空气负离子作为一种重要的森林旅游资源越来越受到人们的重视，有关空气负离子的研究就成为众多学者的研究内容。森林环境中的空气负离子浓度高于城市居民区的空气负离子浓度，人们到森林游憩区旅游的重要目的之一是呼吸清新的空气。甚至，很多景区和森林公园的负离子达到天然氧吧的标准，这是由于其植被丰富，森林植被覆盖率高、水文条件良好。从评估结果中可以看出，贵州省各市（州）的森林生态系统产生负离子量较多，是贵州高质量的旅游资源。

氮氧化物是大气污染的重要组成成分，它会破坏臭氧层，从而改变紫外线到达地面的强度。另外，氮氧化物还是产生酸雨的重要来源，酸雨对生态环境的影响已经广为人知。贵州省各市（州）的森林生态系统吸收氮氧化物功能可以减少空气中的氮氧化物含量，降低了酸雨发生的可能性。

二氧化硫是城市的主要污染物之一，对人体健康以及动植物生长危害比较严重。同时，硫元素还是树木体氨基酸的组成成分，也是树木所需要的营养元素之一，所以树木中都含有一定量的硫，在正常情况下树体中的硫含量为干重的 0.1%~0.3%。当空气被二氧化硫污染时，树木体内的含量为正常含量的 5~10 倍。

森林生态系统被誉为"大自然总调度室"，因其一方面森林中乔木体型高大，枝叶茂盛，对大气的污染物如二氧化硫、氟化物、氮氧化物、粉尘、重金属具有很好的阻滞、过滤、吸附和分解作用，并提供负离子等物质；另一方面，树叶表面粗糙不平，通过绒毛、油脂或其他黏性物质可以吸附部分沉降，最终完成净化大气环境的过程，为改善人们生活生态环境、保证社会经济健康发展正日益凸显巨大作用。

通过评估结果可以看出各项指标分布具有一定规律，产生负离子最高的 3 个市（州）分别为黔东南州、遵义市、黔南州，占全省森林生态系统提供负离子总量 60.91%；最低的 3 个市（州）为六盘水市、安顺市、贵阳市，仅占全省森林生态系统提供负离子总量 10.44%（图 4-12）。吸收污染物最高的 3 个市（州）分别为黔东南州、遵义市、黔南州，占全省森林生态系统吸收污染物总量 55.96%；最低的 3 个市（州）为六盘水市、安顺市、贵阳市，仅占全省森林吸收污染物总量的 12.08%（图 4-13 至图 4-18）。森林滞尘量的大小排序为黔东南＞遵义＞黔南＞铜仁＞毕节＞黔西南＞贵阳＞六盘水＞安顺，黔东南的滞纳 TSP 量占总滞尘量 26.83%，其次是遵义和黔南，分别占 17.37% 和 14.84%，最小的安顺市的滞纳 TSP 量仅占总滞尘量 2.83%。森林滞纳 PM_{10} 与 $PM_{2.5}$ 的大小排序均为黔东南＞遵义＞黔南＞毕节＞铜仁＞黔西南＞六盘水＞贵阳＞安顺，其中，黔东南滞纳的 PM_{10} 与 $PM_{2.5}$ 量最多，分别占总量23.17%、23.50%，安顺市滞纳的PM_{10}量与$PM_{2.5}$量最少，仅占3.35%与3.11%。《2016年贵州省环境公报》显示，全省空气质量总体优良，9个中心城市空气质量指数（air quality index，简称AQI）优良天数比例平均为97.1%，比去年上升1.3个百分点。同时，经查阅年鉴可知，2016年，贵州省各市（州）空气中二氧化硫年均浓度为0.016毫克/立方米，比上年下降20个百分点；城市可吸入颗粒物年均浓度为0.054毫克/立方米，达到国家空气质量二级标准城市13个。贵州省森林生态系统吸收二氧化硫量加上工业消减量，对维护贵州省乃至长江流域与珠江流域地区的空气环境质量起到了非常重要的作用。此外，还可以增加当地居民的旅游收入，进一步调整区域内的经济发展模式，提高第三产业经济总量，提高人们保护生态环境的意识，形成一种良性的经济循环模式。

图4-12　贵州省各市（州）森林生态系统提供负离子量分布

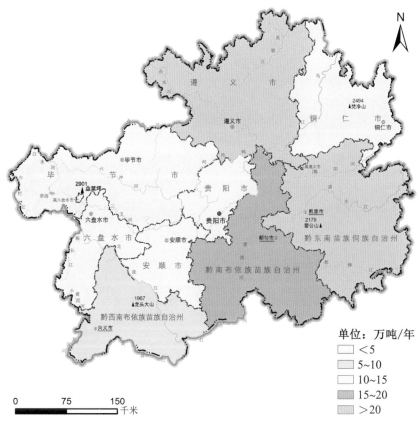

图4-13 贵州省各市（州）森林生态系统吸收二氧化硫量分布

图4-14 贵州省各市（州）森林生态系统吸收氟化物量分布

单位：万吨/年
- ＜0.20
- 0.20~0.40
- 0.40~0.60
- 0.60~0.90
- ＞0.90

0　　75　　150
千米

图 4-15　贵州省各市（州）森林生态系统吸收氮氧化物量分布

单位：万吨/年
- ＜900
- 900~1800
- 1800~2700
- 2700~3600
- ＞3600

0　　75　　150
千米

图 4-16　贵州省各市（州）森林生态系统滞纳 TSP 量分布

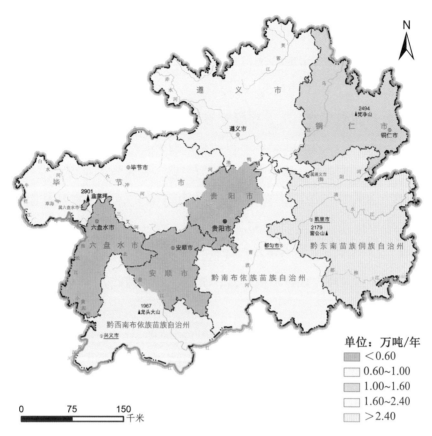

图 4-17 贵州省各市（州）森林生态系统滞纳 PM$_{2.5}$ 量分布

单位：万吨/年
- ＜0.60
- 0.60~1.00
- 1.00~1.60
- 1.60~2.40
- ＞2.40

图 4-18 贵州省各市（州）森林生态系统滞纳 PM$_{10}$ 量分布

单位：万吨/年
- ＜0.16
- 0.16~0.32
- 0.32~0.48
- 0.48~0.64
- ＞0.64

从以上评估结果分析中可知，贵州省森林生态系统各项服务的空间分布格局基本呈现东部大于其他地区。究其原因，主要分为以下几部分：

1. 森林资源结构

第一，与森林分布面积有关。从各项服务的评估公式可知，森林面积是生态系统服务强弱的最直接影响因子。黔东南地区是杉木和马尾松的中心产区，加之地处边远山区，人为破坏很小，森林植被发育良好，森林生态系统较为完整。贵州省森林资源监测数据显示：黔东南地区森林面积为 206.97 万公顷，在各市（州）居于首位，占全省森林面积的 20.71%；而人口比较密集的贵阳地区森林面积为 37.29 万公顷，仅占全省森林面积的 3.73%。从森林面积分布来看，黔东南地区由于人为干扰程度低，其森林资源受到的破坏程度较低。同时，该区生物多样性较高，其区域内森林资源丰富，类型多样，因此，其各项森林生态系统服务功能较强。

第二，与森林质量有关，也就是与生物量有直接的关系。由于蓄积量与生物量存在一定关系，则蓄积量也可以代表森林质量。由森林资源数据可以得出，贵州省林分蓄积量的空间分布大致上表现为黔东南州地区最大，其次是东部、北部地区，中部、西部地区较低。有研究表明：生物量的高生长也会带动其他森林生态系统服务功能项的增强。生态系统的单位面积生态功能的大小与该生态系统的生物量有密切关系（Feng et al.，2008）。一般来说，生物量越大，生态系统功能越强（Fang，2001）。优势树种（组）大量研究结果印证了随着森林蓄积量的增长，涵养水源功能逐渐增强的结论，主要表现在林冠截留、枯落物蓄水、土壤层蓄水和土壤入渗等方面的提升（Tekiehaimanot，1991）。但是，随着林分蓄积量的增长，林冠结构、枯落物厚度和土壤结构将达到一个相对稳定的状态，此时的涵养水源能力应该也处于一个相对稳定的最高值。森林生态系统涵养水源功能较强时，其固土功能也必然较高，其与林分蓄积量也存在较大的关系。林分蓄积量的增加即为生物量的增加，根据森林生态系统固碳功能评估公式（公式 3-15）可知，生物量的增加即为植被固碳量的增加。另外，土壤固碳量也是影响森林生态系统固碳量的主要原因，地球陆地生态系统碳库的 70% 左右被封存在土壤中。Post 等（1982）研究表明，在特定的生物、气候带中，随着地上植被的生长，土壤碳库及碳形态将会达到稳定状态。即在地表植被覆盖不发生剧烈变化的情况下，土壤碳库是相对稳定的。随着林龄的增长，蓄积量的增加，森林植被单位面积固碳潜力逐步提升（魏文俊，2014）。

第三，与林龄结构组成有关。森林生态系统服务是在林木生长过程中产生的，林木的高生长也会对生态系统服务带来正面的影响（宋庆丰等，2015）。林木生长的快慢反映在净初级生产力上，影响净初级生产力的因素包括：林分因子、气候因子、土壤因子和地形因子，它们对净初级生产力的贡献率不同，分别为 56.7%、16.5%、2.4% 和 24.4%。同时，林分自身的作用对净初级生产力的变化影响较大，其中林分年龄最明显，中龄林和近熟林有绝对的优势。

从贵州省的森林资源数据中可以看出，中龄林和近熟林面积和蓄积量的空间分布格局与其生态系统服务的空间分布格局一致。有研究表明，林分蓄积量随着林龄的增加而增加。

林龄与其单位面积水源涵养效益呈正相关性，随着林龄的不断增长，这种效益的增长速度逐渐变缓。本研究结果证实了以上现象的存在。随着林龄的增长，林冠面积不断增大，这也就代表森林覆盖率的增加，土壤侵蚀量接近于零时的森林覆盖率高于95%，随着植被的不断生长，其根系逐渐在土壤表层集中，增加了土壤的抗侵蚀能力。但是，森林生态系统的保育土壤功能不可能随着森林的持续增长和林分蓄积量的逐渐增加而持续增长，土壤养分随着地表径流的流失与乔木层及其根、冠生物量呈现幂函数变化曲线的结果，其转折点基本在中龄林与近熟林之间。这主要是由于森林生产力存在最大值现象，其会随着林龄的增长而降低（Gower et al.，1996；Murty 和 Murtrie，2000；Song 和 Woodcock，2003），年蓄积量生产量 / 蓄积量与年净初级生产力（NPP）存在函数关系，随着年蓄积量生产量 / 蓄积量的增加，生产力逐渐降低。

第四，与林种结构组成有关。林种结构的组成一定程度上反映了某一区域在林业规划中所承担的林业建设任务。比如，当某一区域分布着大面积的防护林时，这就说明这一区域林业建设侧重的是防护功能。当某一特定区域由于地形、地貌等原因，容易发生水土流失时，那么构建的防护林体系一定是水土保持林，主要起到固持水土的功能；当某一特定区域位于大江大河的水源地或者重要水库的水源地时，那么构建的防护林体系一定是水源涵养林，主要起水源涵养和调洪蓄洪的功能。从贵州省森林资源数据可以得出，贵州省的涵养水源林树种组成存在差异，导致了贵州省森林生态系统服务功能呈现目前的空间格局。

2. 气候因素

在所有的气候因素中，能够对林木生长造成影响的主要为温度和降雨，因为水热条件限制着林木的生长（贺庆堂，1986）。杨金艳和王传宽（2006）研究发现，在湿度和温度均较低时，土壤的呼吸速率会减慢（杨金艳等，2006）。水热条件通过影响林木生长，进而对森林生态系统服务产生影响。

在一定范围内，温度越高，林木生长越快，其生态系统服务也就越强。其主要原因：其一，因为温度越高，植物的蒸腾速率越大，那么体内就会积累更多的养分元素，继而增加生物量的积累；其二，温度越高，在充足水分的前提下，蒸腾速率加快，而此时植物叶片气孔处于完全打开的状态，这样就会增强植物的呼吸作用，为光合作用提供充足的二氧化碳（金爱武等，2000）；其三，温度通过控制叶片中淀粉的降解和运转，以及糖分与蛋白质之间的转化，进而起到控制叶片光合速率的作用（范爱武等，2004）。2016 年，贵州省全省平均气温为 16.4℃，气温最高的地区为贵州省最西北地区的赤水地区，该地区归遵义市管辖，年均气温为 18.8℃，最低的为六盘水市地区，年均气温在 13.5℃以下，贵阳市及毕节市年均气温介于中间，在 13.9~15.3℃之间。贵州省各市(州)之间的地理位置和温度具有一定的差异，因此对各区域的森林生态系统服务也产生了一定的影响。

另外，降雨量与森林生态效益呈正相关关系，主要是由于降雨量作为参数被用于森林涵养水源的计算，与涵养水源生态效益呈正相关；另一方面，降雨量的大小还会影响生物量的高低，进而影响到固碳释氧功能（黄玫等，2006；牛香等，2012）。根据本文分析，贵州全省多年年平均降水量为 1184.1 毫米，总的分布趋势是西南部、南部、东部及东北部地区较大，西部、西北部及中部地区较小（图 4-19）。其中，年降水量较大的兴义、三都、黎平、江口年平均降水量分别为 1451.4 毫米、1326.3 毫米、1302.4 毫米、1314.1 毫米，年降水量较小的赫章、桐梓、贵阳分别为 834.2 毫米、994 毫米、1071.4 毫米。降雨量还与森林滞纳物的高低有直接的关系，因为降雨量大也就意味着一年之内雨水对植被叶片的清洗次数增加，森林滞纳功能增强。

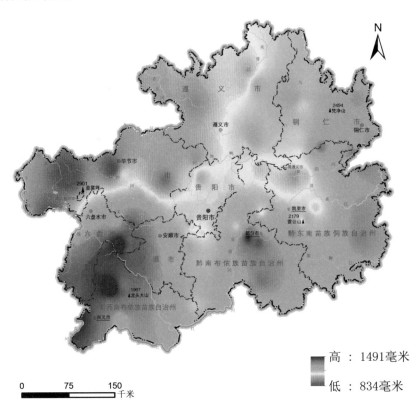

高 ：1491毫米
低 ：834毫米

图 4-19　贵州省多年平均降水量分布

3. 区域性要素

贵州地处东南季风和西南季风交替过渡区，在不同大气环流的控制和影响下，同时受到山地地形影响，造成贵州立体气候明显，垂直方向气候差异较大；东部常年温暖湿润而西部却呈现干湿交替的气候特征。黔东南州地处贵州东部的低山丘陵地带，位于清水江和都柳江中下游，地势较低，土壤肥沃，气候温热湿润，水热条件优越，保存着丰富的森林植被。贵阳、安顺地处黔中山原为岩溶分布区，土层浅薄、水土流失严重，加上人口密集，原生植被严重破坏，森林植被多为灌木草层或稀疏的马尾松林，是全省植被碳储量最少的地区。六盘水、毕节地区位于黔西高原山地，地处云贵高原向黔中山原过渡地带，地势较高，气候与云南省相似，干湿分明，水热条件远不及同纬度的东部丘陵、平原地区，是全省森林植被碳密度最少的地区。所以，由于以上区域因素对林木的生长产生了影响，进而影响到了森林生态系统服务。

另外，贵州省黔东南地区地势较低，土壤肥厚，宜林程度高，林木生产力高，植被覆盖度大，在固持相同土壤量的情况下，能够避免更多的土壤养分流失。同时该地区的涵养水源能力强，减弱了地表径流的形成，减少了对土壤的冲刷。

第三节　贵州省不同优势树种（组）生态系统服务功能物质量评估结果

根据贵州省第四次森林资源二类调查结果，本次评估参考树木的生态学和生物学特性，将全省优势树种组林分类型划分为马尾松林、针阔混交林、杉木林、阔叶混交林、软阔类、硬阔类、柏木林、云南松林、柳杉林、华山松林、针叶混交林 11 个乔木优势树种组林分类型和喀斯特灌木林、一般灌木林、毛竹林、杂竹林、经济林类型。根据森林生态系统服务功能评估公式，计算了贵州省不同优势树种（组）森林生态系统服务功能的物质量。

按照不同优势树种（组）评估的森林生态系统服务功能物质量结果见表 4-3。不同优势树种（组）间各项森林生态系统服务功能分布格局如图 4-20 至图 4-35 所示。

一、涵养水源

森林是拦截降水的天然水库，具有强大的蓄水作用，其复杂的立体结构不但对降水进行再分配，还可以减弱降水对土壤的侵蚀，并且随森林类型和降雨量的变化，树冠拦截的降雨量也不同。树冠截留量的大小取决于降雨量和降雨强度，并与林分组成、林龄、郁闭度等相关。

2016 年，调节水量最高的 3 种优势树种（组）为喀斯特灌木林、马尾松林、针阔混交林，占全省总量的 48.61%；最低的 3 种优势树种（组）为针叶混交林、杂竹林、毛竹林，仅占全省的 2.11%（表 4-3）。从森林资源数据中可以看出，贵州省马尾松林、杉木林等 16 个优势树种类型中，面积最大的为喀斯特灌木林，占全省森林资源面积的 25.54%；其次是马尾松林，占全省森林资源面积面积的 13.41%；杉木林和阔叶混交林分别占全省森林资源面积的 12.79% 和 12.73%；其次是针叶混交林和杂竹林，分别占全省森林资源面积的 0.85% 和 0.88%；面积最小的为毛竹林，仅占全省森林资源面积的 0.64%（图 4-20）。这表明不同森林类型对降雨的分配具有不一致性，喀斯特灌木林、马尾松林、针阔混交林的生态系统对调节水量具有非常重要意义。同时，其他 14 种林分类型也是森林生态系统的重要组成部分，其不仅对森林资源的保护和永续利用起着重大作用，而且还对涵养水源和水土保持具有重要意义。

表 4-3 贵州省不同优势树种（组）生态系统服务物质量评估结果

优势树种组	涵养水源（亿立方米/年）	保育土壤（万吨/年）					固碳释氧（万吨/年）		积累营养物质（万吨/年）			提供负离子（×10²⁵个/年）	净化大气环境					
		固土	固氮	固磷	固钾	固定有机质	固碳	释氧	氮	磷	钾		吸收二氧化硫（万吨/年）	吸收氟化物（万吨/年）	吸收氮氧化物（万吨/年）	滞尘量（万吨/年）		
																滞纳TSP	滞纳PM₁₀	滞纳PM₂.₅
马尾松林	32.8	2873.2	4.0	1.5	37.7	122.9	446.2	1057.2	4.5	0.4	6.1	1.39	16.9	1.1	0.9	4.83	2.77	0.65
云南松林	2.8	296.2	0.4	0.2	3.8	12.5	26.5	56.7	0.2	0.0	0.3	0.09	1.7	0.1	0.1	0.50	0.29	0.07
杉木林	24.8	2697.0	4.1	1.7	37.1	122.6	371.7	864.0	3.7	0.3	5.0	0.89	15.1	0.6	0.8	3.84	2.20	0.56
华山松林	2.3	252.8	0.5	0.3	4.4	11.9	28.6	64.5	0.2	0.0	0.1	0.08	1.5	0.1	0.1	0.42	0.27	0.07
柳杉林	2.5	230.5	0.4	0.3	3.2	9.9	32.9	76.9	0.3	0.0	0.2	0.07	1.3	0.1	0.1	0.33	0.20	0.05
柏木林	6.1	554.8	0.9	0.3	7.0	22.5	51.9	110.9	0.5	0.0	0.4	0.16	11.3	0.2	0.2	0.91	0.64	0.16
硬阔类	11.2	1002.5	1.5	0.9	14.5	43.1	144.7	341.1	1.2	0.4	1.9	0.29	4.8	0.1	0.2	0.46	0.36	0.10
软阔类	22.0	1584.1	2.7	1.3	22.8	69.2	179.6	407.8	3.4	0.8	2.9	0.50	6.3	0.3	0.3	0.72	0.67	0.18
针叶混交林	2.1	182.9	0.3	0.1	2.4	7.3	25.7	59.9	0.3	0.0	0.3	0.60	1.1	0.1	0.1	0.31	0.14	0.02
阔叶混交林	24.7	2824.8	4.8	2.1	39.8	123.7	366.8	851.7	3.0	1.0	4.8	0.10	13.5	0.4	0.6	1.29	1.19	0.32
针阔混交林	25.2	1919.8	3.0	1.5	29.7	89.8	235.4	539.8	4.4	0.9	4.0	0.83	13.4	0.5	0.5	2.26	1.48	0.39
经济林	4.4	724.5	0.9	0.4	9.9	29.7	90.8	206.2	3.1	0.5	2.0	0.06	3.2	0.2	0.2	0.36	0.13	0.03
毛竹林	0.9	141.9	0.2	0.1	1.5	6.1	19.6	45.9	0.1	0.0	0.2	0.07	0.6	0.0	0.0	0.07	0.10	0.03
杂竹林	1.6	194.5	0.3	0.1	2.2	7.8	21.4	48.2	0.1	0.0	0.2	0.05	0.8	0.0	0.0	0.09	0.13	0.04
喀斯特灌木林	45.6	5526.7	10.5	3.9	80.2	232.6	617.9	1392.6	10.8	1.9	13.1	0.37	19.4	0.3	0.5	0.38	2.11	0.55
一般灌木林	4.2	561.3	1.0	0.2	7.7	20.6	65.2	146.9	0.8	0.1	0.7	0.04	2.1	0.0	0.1	0.04	0.24	0.06
总计	213.02	21567.4	35.4	14.9	303.9	932.3	2724.7	6270.2	36.5	6.5	42.2	59.5	112.9	4.1	4.6	16.79	12.93	3.28

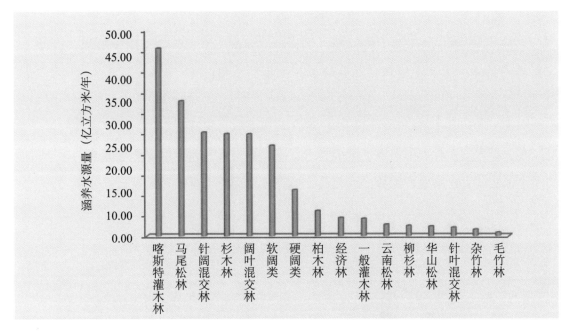

图 4-20　贵州省不同优势树种（组）调节水量分布格局

二、保育土壤

贵州省的水土流失由自然因素与社会因素共同影响。有研究显示，人为因素是造成贵州省水土流失的主要方面；而自然因素中，典型的喀斯特生态环境、透水性强的碳酸盐岩、贫瘠层薄的土壤、时空分布不均匀的降雨、地形崎岖、山高坡陡等都加剧了贵州省水土流失的强度与潜在危险程度，而人为活动又主要是通过改变森林植被覆盖度来影响水土流失。森林的固土功能是从地表土壤侵蚀程度表现出来。不同地区的不同森林类型的固土能力差异较大。贵州省固土量最高的 3 种优势树种（组）为喀斯特灌木林、马尾松林、阔叶混交林，占全省总量的 52.04%；最低的 3 种优势树种（组）为杂竹林、针叶混交林、毛竹林，仅占全省的 2.41%。不同优势树种（组）固土量的大小排序为喀斯特灌木林＞马尾松林＞阔叶混交林＞杉木林＞针阔混交林＞软阔类＞硬阔类＞经济林＞一般灌木林＞柏木林＞云南松林＞华山松林＞柳杉林＞杂竹林＞针叶混交林＞毛竹林。土壤侵蚀与水土流失现已成为人们共同关注的生态环境问题，一方面不仅导致表层土壤随地表径流流失，切割蚕食地表，径流携带的泥沙又会淤积阻塞江海湖泊，抬高河床，增加洪涝隐患。因此，喀斯特灌木林、马尾松林、阔叶混交林的固土作用主要体现在防治贵州省各地区水土流失方面，对于维护长江流域和珠江流域的生态安全意义重大，为长江与珠江下游地区社会经济发展提供了重要保障。

土壤侵蚀不仅会带走大量表土以及表土中的大量营养物质，而且也会带走下层土壤中的部分可溶解物质，使土壤理化性质发生退化、土壤肥力降低等，一旦进入水库或者湿地，极有可能引发水体的富集营养化，导致更为严重的自然灾难。同时，由于土壤侵蚀所带来的土壤贫瘠化，会使人们加大化肥的使用量，继而带来严重的面源污染，使其进入一种恶性循

环。所以，森林生态系统的保育土壤功能对于保障生态环境安全具有非常重要的作用。由表
4-3 可以看出，贵州省的不同优势树种（组）中，固定土壤养分最高的 3 种优势树种（组）
为喀斯特灌木林、阔叶混交林、马尾松林，占全局总量的 51.58%。最低的 3 种优势树种
（组）为杂竹林、针叶混交林、毛竹林，仅占全省总固定养分的 0.21%（图 4-21 至图 4-25）。
因此，在贵州省所有优势树种（组）中，喀斯特灌木林、阔叶混交林、马尾松林的保育土壤
作用最大。在各类森林类型保育土壤能力上，固土能力显著超于保育土壤能力，喀斯特灌木
林的固土保肥能力占具显著优势，这与其土壤物理结构和丰富的枯落物量等有很大关系。

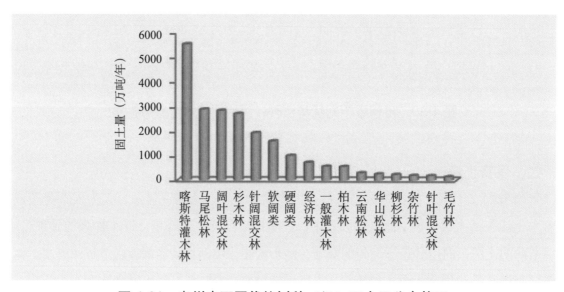

图 4-21　贵州省不同优势树种（组）固土量分布格局

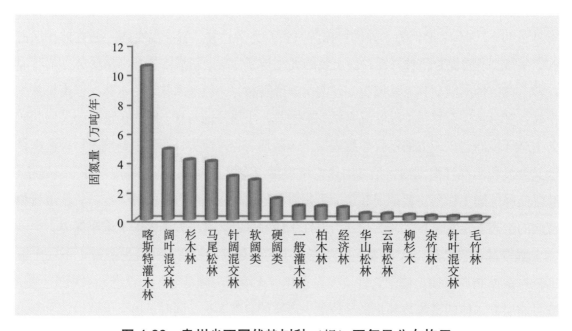

图 4-22　贵州省不同优势树种（组）固氮量分布格局

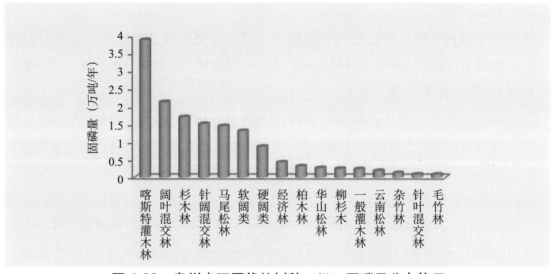

图 4-23　贵州省不同优势树种（组）固磷量分布格局

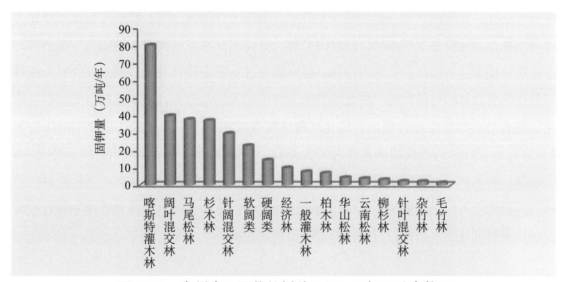

图 4-24　贵州省不同优势树种（组）固钾量分布格局

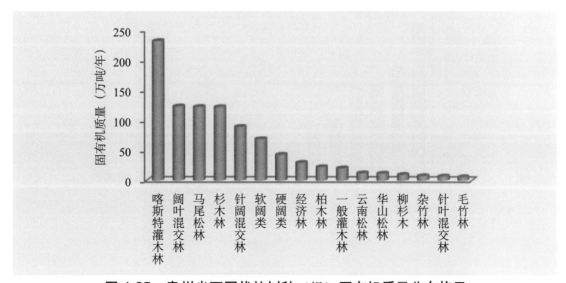

图 4-25　贵州省不同优势树种（组）固有机质量分布格局

三、固碳释氧

固碳量最高的 3 种优势树种为喀斯特灌木林、马尾松林、杉木林，占全局总量的 52.69%。固碳量最低的 3 种优势树种（组）为针叶混交林、杂竹林、毛竹林，仅占全局总固碳量的 2.45%（表 4-3、图 4-26）。

释氧量最高的 3 种优势树种为喀斯特灌木林、马尾松林、杉木林，占全局总量的 52.85%。释氧量最低的 3 种优势树种（组）为云南松、杂竹林、毛竹林，仅占全局释氧量的 2.4%（表 4-3、图 4-27）。

固碳释氧功能是森林生态系统服务功能的重要指标，目前已有大量研究实例。碳占有机体干重的 49%，是重要的生命物质。除海洋生态系统以外，森林对全球碳循环的影响最大。贵州省不同优势树种（组）固碳量的大小排序为喀斯特灌木林＞马尾松林＞杉木林＞阔叶混交林＞针阔混交林＞软阔类＞硬阔类＞经济林＞一般灌木林＞柏木林＞柳杉林＞华山松林＞云南松林＞针叶混交林＞杂竹林＞毛竹林。不同优势树种（组）释氧量的大小排序为喀斯特灌木林＞马尾松林＞杉木林＞阔叶混交林＞针阔混交林＞软阔类＞硬阔类＞经济林＞一般灌木林＞柏木林＞柳杉林＞华山松林＞针叶混交林＞云南松林＞杂竹林＞毛竹林。森林固碳释氧功能与森林的林龄构成、林分类型和森林结构等因素有关，由于这些自然因素的综合作用，各森林类型冠层光合固定二氧化碳释放氧气的能力不同，导致贵州省不同优势树种（组）之间的森林生态系统固碳量存在较大差异。依据评估结果可以看出，喀斯特灌木林、马尾松林、杉木林在固碳释氧方面发挥了重要作用。贵州省喀斯特灌木林、马尾松林、杉木林林的固碳功能不仅对于削减空气中二氧化碳浓度特别重要，还可为贵州省内生态效益科学化补偿以及跨区域的生态效益科学化补偿提供基础数据。

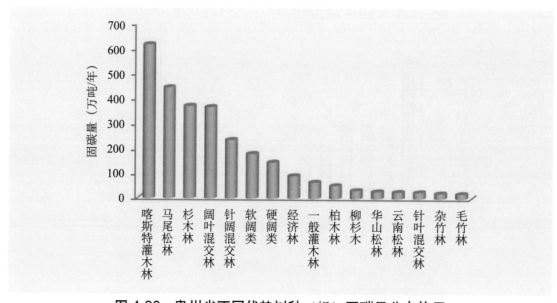

图 4-26 贵州省不同优势树种（组）固碳量分布格局

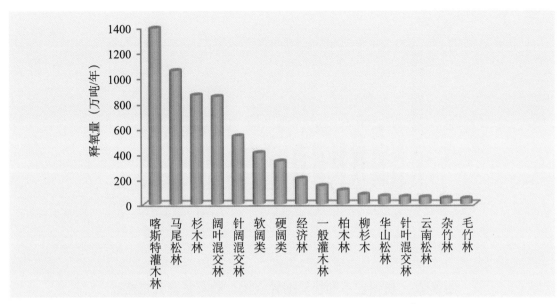

图 4-27　贵州省不同优势树种（组）释氧量分布格局

四、积累营养物质

林木积累营养物质可以在一定程度上反映不同林木、不同森林群落在不同条件、不同区域提供的服务功能价值状况。林木积累营养物质量最高的 3 种优势树种为喀斯特灌木林、马尾松林、针阔混交林，占全省总量的 53.99%。林木积累营养物质量最低的 3 种优势树种（组）为华山松林、杂竹林、毛竹林，仅占全省总林木积累营养物质量的 1.13%（表 4-3、图 4-28 至图 4-30）。林木在生长过程中不断从周围环境吸收营养物质，固定在植物体内中，成为全球生物化学循环不可缺少的环节。林木积累营养物质服务功能首先是维持自身生态系统的养分平衡，其次才是为人类提供生态系统服务。喀斯特灌木林、马尾松林、针阔混交林在黔东南、黔东北、黔西北地区，从贵州省不同优势树种林木积累营养物质的结果可以看出，喀斯特灌木林、马尾松林、针阔混交林在其生命周期内，较大程度地减少了因为水土流失而引起的养分损失，通过其自身养分元素再次进入生物地球化学循环，极大地降低了水体富营养化的可能性。

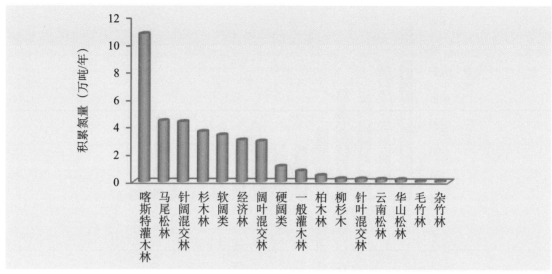

图 4-28　贵州省不同优势树种（组）积累氮量分布格局

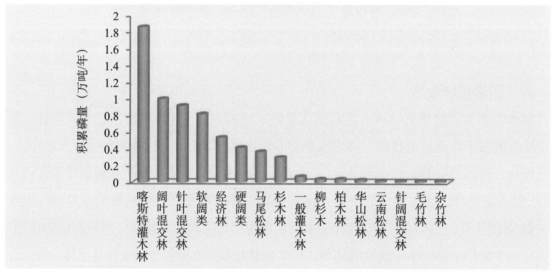

图 4-29　贵州省不同优势树种（组）积累磷量分布格局

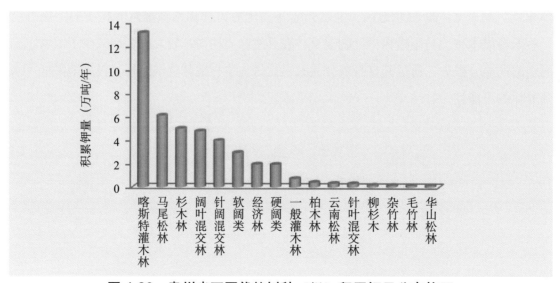

图 4-30　贵州省不同优势树种（组）积累钾量分布格局

五、净化大气环境

森林净化大气环境功能是森林生态系统的一项重要生态服务功能，其机理为污染物通过扩散和气流运动或伴随着大气降水到达森林生态系统，所遇到的第一个作用层面是起伏不平的森林冠层，或者被枝叶吸附，或被冠层表面束缚。如果伴随大气降水遇到林冠层，有可能在植物枝叶表面溶解，森林不同优势树种（组）通过这些作用使污染物离开对人产生危害的环境转移到另一个环境，即意味着可以净化环境。与此同时还有利于维持城市生态系统的健康和平衡以及城市的可持续发展。所以，不同优势树种（组）的净化环境功能具有重要意义。

随着森林生态旅游的兴起及人们保健意识的增强，空气负离子作为一项重要的森林旅游资源越来越受到人们的重视与关注。经计算得知，产生负离子量最高的 3 种优势树种（组）为马尾松林、阔叶混交林、杉木林，占全省总量的 55.13%。最低的 3 种优势树种（组）为针叶混交林、杂竹林、一般灌木林，仅占全省总量的 3.00%（表 4-3、图 4-31）。

吸收污染物量最高的 3 种优势树种（组）为为喀斯特灌木林、马尾林、杉木林，占全省总量的 40.87%。最低的 3 种优势树种（组）为针叶混交林、杂竹林、毛竹林，仅占全省总量的 2.21%（表 4-3、图 4-32 至图 4-34）。《贵州省统计年鉴 2017》数据显示，贵州省工业二氧化硫排放量为 64.71 万吨，3 个优势树种（组）吸收二氧化硫量为 55.5 万吨，占其工业二氧化硫排放量的 85.77%，这说明这 3 种优势树种（组）吸收氧化硫的功能较强。一般来说，气孔密度大，叶面积指数大，叶片表面粗糙及绒毛、分泌黏性油脂和汁液等较多的树种，可吸附和黏着更多的污染物（牛香，2017）。针叶树种与阔叶树种相比，针叶树绒毛多、表面分泌更多的油脂和黏性物质，气孔浓度偏大，污染物易于在叶表面附着和滞留；阔叶树种虽然叶片较大，但表面比较光滑，分泌的油脂和黏性物质较少，不易于污染物的附着和滞留（Neihuis et al., 1998）。另外针叶树种为常绿树种，叶片可以一年四季吸收污染物。基于上述原因，贵州省的喀斯特灌木林、马尾林、杉木林吸收污染物最高。

滞尘量最高的 3 种优势树种（组）为马尾松林、杉木林、针阔混交林，占全省总量的 65.04%。最低的 3 种优势树种（组）为杂竹林、毛竹林、一般灌木林，仅占全省总量的 1.16%（表 4-3、图 4-35）。《贵州省统计年鉴 2017》数据显示，烟（粉）尘排放总量为 26.25 万吨，而滞尘量最小的杂竹林、毛竹林、一般灌木林的为 194.32 万吨，是贵州省 2016 年工业烟（粉）尘排放总量的 7 倍，由此可以看出，贵州省的各个优势树种（组）均具有较强的滞尘功能，能够滞纳较多的空气颗粒物。

滞纳 $PM_{2.5}$ 量的大小排序为马尾松林＞杉木林＞喀斯特灌木林＞针阔混交林＞阔叶混交林＞软阔类＞柏木林＞硬阔类＞华山松林＞云南松林＞一般灌木林＞柳杉林＞杂竹林＞毛竹林＞经济林＞针叶混交林（图 4-36）。滞纳 $PM_{2.5}$ 量最大的优势树种组依然为马尾松林 19.81%，而最小的针叶混交林滞纳 $PM_{2.5}$ 量仅占总量 0.70%。滞纳 PM_{10} 量的大小排序为马

尾松林＞杉木林＞喀斯特灌木林＞针阔混交林＞阔叶混交林＞软阔类＞柏木林＞硬阔类＞云南松林＞华山松林＞一般灌木林＞柳杉林＞针叶混交林＞杂竹林＞经济林＞毛竹林（图4-37）。滞纳 PM_{10} 量最大的优势树种组为马尾松林，占总量 21.40%，其最小的毛竹林仅占总量 0.75%。

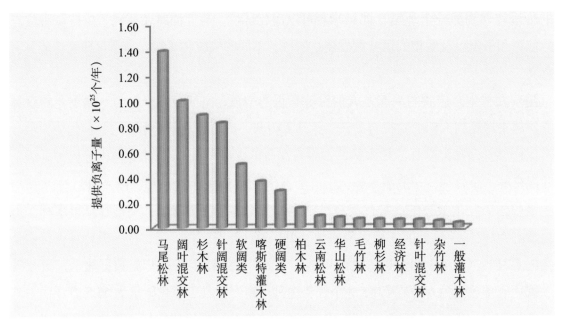

图 4-31　贵州省不同优势树种（组）产生负离子量分布格局

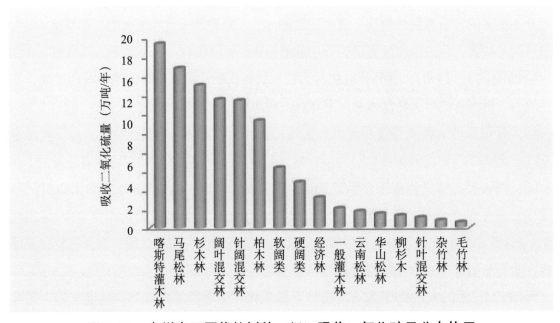

图 4-32　贵州省不同优势树种（组）吸收二氧化硫量分布格局

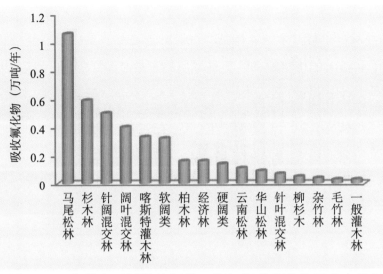

图 4-33 贵州省不同优势树种（组）吸收氟化物量分布格局

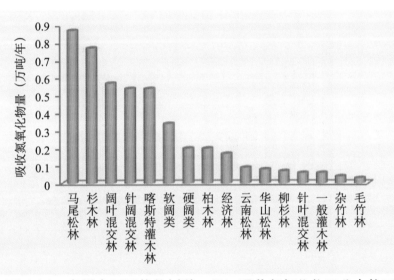

图 4-34 贵州省不同优势树种（组）吸收氮氧化物量分布格局

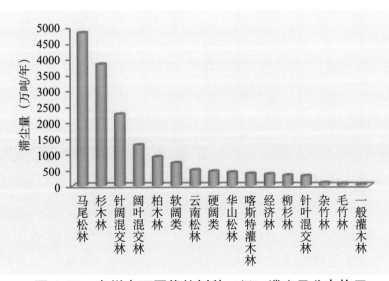

图 4-35 贵州省不同优势树种（组）滞尘量分布格局

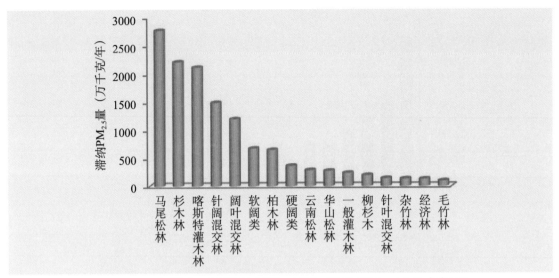

图 4-36   贵州省不同优势树种（组）滞纳 PM$_{2.5}$ 量分布格局

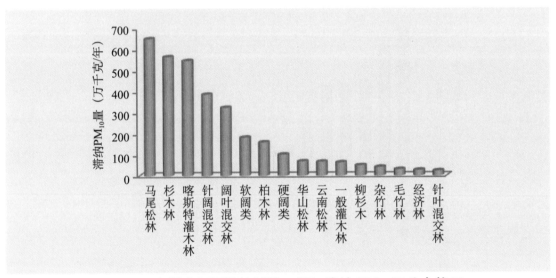

图 4-37   贵州省不同优势树种（组）滞纳 PM$_{10}$ 量分布格局

六、小 结

从以上分析中可以看出，各优势树种（组）间的各项生态系统服务均呈现为阔叶混交林、喀斯特灌木林、马尾松林、杉木林、针阔混交林位于前列。相关研究也表明，在森林生态系统服务中，硬阔类的林分净生产力高于其他优势树种（组）（张乐勤等，2011；牛香，2012）。董秀凯等（2003）和王勤等（2003）的研究均表明，在森林生态系统服务中，阔叶林的水源涵养功能高于针叶林（董秀凯等，2014），这主要是因为阔叶林林分枝叶稠密、叶面相对粗糙，叶片斜向上、叶质坚挺，能截持较多的水分，且叶片含水量低，吸持水分的空间较大，因而林分的持水率很高。另外，阔叶林下有一层较厚的枯枝落叶层，具有保护土壤免受雨滴冲击和增加土壤腐殖质及有机质的作用（赖日文等，2014）。凋落物层在森林涵养水源中起着极其重要的作用，既能截持降水，使地表免受雨滴的直接冲击，又能阻滞径流和地表冲刷。同时，凋落物的分解形成土壤腐殖质，能显著地改善土壤结构，提高土壤的渗透性能。

贵州省各优势树种（组）中，阔叶混交林、喀斯特灌木林、马尾松林、杉木林和针阔混交林的各项生态系统服务强于其他优势树种（组），以上均为本区域的地带性植被且与分布面积有直接的关系。从贵州省森林资源调查数据可以看出，阔叶混交林、喀斯特灌木林、马尾松林、杉木林的面积占全省优势树种很大比例，所以其各项森林生态系统服务功能较强。

关于林龄结构对于生态系统服务的影响，贵州省幼龄林、中龄林多分布于黔东南州、遵义地区及黔南州、铜仁地区。近熟林、成熟林和过熟林主要分布于黔东南州，且多以阔叶混为主。中龄林和幼龄林处于快速生长期，在适宜的生长条件下，相对于成熟林或过熟林，具有更高的固碳速率。而阔叶混交林、马尾松林、杉木林在水热条件优越的条件下，正处于林木生长速度最快的阶段，林木的高生长速率带来了较强的森林生态系统服务功能。同时，马尾松林、杉木林广泛分布在黔东南州，该区域境内沟壑纵横，山峦延绵，重崖迭峰，原始生态保存完好，拥有雷公山、云台山、佛顶山等原始森林、原始植被自然保护地 29 个，其中雷公山自然保护区为国家级自然保护区。因此可以看出，该地区是贵州省非常重要的生物基因库，丰富的森林资源和生物多样性使得该区域内的优势树种（组）提供的森林生态系统服务也更为显著。

本研究中，将森林滞纳 PM_{10} 和 $PM_{2.5}$ 从滞尘功能中分离出来，进行了独立的评估。从评估结果中可以看出，针叶林吸附与滞纳空气污染物的能力普遍较强。一般来说，叶片蜡质含量较高的树种，滞尘能力低；叶片粗糙的树种，滞尘能力较强（高翔伟，2016）。本研究中，马尾松林、杉木林、针阔混交林滞尘量较强的另一种原因是其大部分集中在黔东南、黔西北、黔东北、黔北地区，且东南部山区年降水量较高、次数较多，在降雨的作用下，树木叶片表面滞纳的颗粒物能够再次悬浮回到空气中，或洗脱至地面（Hofman，2014），使叶片具有反复滞纳颗粒物的能力。

综上所述，2016 年贵州省各优势树种（组）的森林生态系统服务功能中，以喀斯特灌木林、马尾松林、杉木林 3 个优势树种（组）最强，这主要是受到了森林资源数量（面积、蓄积量）和林龄结构、气候、地形和生物等自然因素以及人为因素的多重影响。

第五章
贵州省森林生态系统
服务功能价值量评估

森林生态系统服务功能的可测性主要表现在直接价值和间接价值两方面。直接价值主要是指森林生态系统为人类生活所提供的产品，如木材、林副特产等可商品化的功能。间接价值主要体现在森林生态系统的服务功能，如涵养水源、净化大气环境、维护生物多样性等难以商品化的功能。因此，将贵州省森林生态系统的各单项服务功能从货币价值量的角度进行评估，结果更具直观性，进而为贵州省森林生态系统保护与建设提供科学的理论依据。

价值量评估主要是利用一些经济学方法对生态系统提供的服务进行评价。价值量评估的特点是评价结果是货币量，既能将不同生态系统与一项生态系统服务进行比较，也能将某一生态系统的各单项服务综合起来。运用价值量评价方法得出的货币结果能引起人们对区域生态系统服务的足够重视。

第一节　贵州省森林生态系统服务功能总价值量

一、贵州省森林生态系统服务功能价值量

根据前文评估指标体系及其计算方法，得出贵州省森林生态系统服务功能总价值量为7484.48 亿元 / 年，占贵州省 2016 年 GDP 总量（11776.73 亿元）的 63.55%（贵州省统计年鉴 2017）。每公顷森林相当提供的价值平均为 7.48 万元 / 年。每公顷森林涵养水源的价值平均为 2.14 万元 / 年，保育土壤的价值平均为 0.46 万元 / 年，固碳释氧的价值平均为 1.17 万元 / 年，积累营养物质的价值平均为 0.14 万元 / 年，净化大气环境的价值平均为 2.09 万元 / 年，生物多样性保护的价值平均为 1.43 万元 / 年，森林游憩的价值平均为 0.05 万元 / 年。所评估的 7 项服务价值量见表 5-1，各项服务价值量分布图如 5-1 所示。

表 5-1　贵州省森林生态服务价值量评估结果

功能项	涵养水源	保育土壤	固碳释氧	林木积累营养物质	净化大气环境				生物多样性保护	森林游憩	总价值
					总计	提供负离子	吸收污染物	滞尘			
价值量（亿元/年）	2142.95	459.98	1169.96	137.43	2088.56	2.98	24.36	2061.22	1431.42	54.18	7484.48

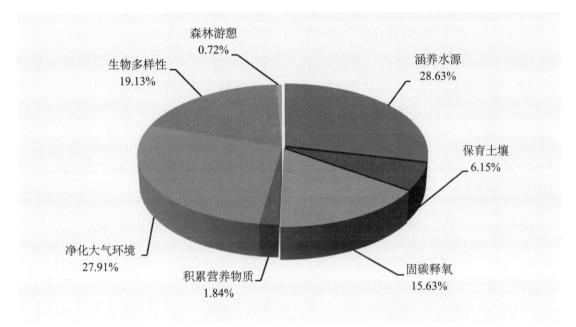

图 5-1　贵州省森林生态服务功能各项功能价值量比例

　　贵州省森林生态服务功能价值量比例如图 5-1 所示。在 7 项森林生态服务功能价值的贡献之中，其从大到小的顺序：涵养水源、净化大气环境、生物多样性、固碳释氧、保育土壤、林木积累营养物质、森林游憩。其中，涵养水源价值量最高，占森林生态服务总价值的 28.63%；净化大气环境次之，占森林生态服务总价值的 27.91%；森林游憩的价值量最低，仅占 0.72%。贵州省各项森林生态系统服务功能价值量所占总价值量的比例，能够充分体现出该省份所处区域森林生态系统以及其森林资源结构的特点。

　　在贵州省森林生态系统所提供的诸项服务中，水源涵养功能的价值量所占比例最高。据贵州省 2016 年环境公报显示，受超强厄尔尼诺事件影响，2016 年，贵州省气候异常，全年降雨总体偏多，降水时空分布不均，2 月和 9 月降雨偏少，局地发生阶段性、短时间轻度干旱；4~8 月，全省各地强降雨天气频繁，先后发生 20 次区域性强降雨天气过程，85 个县（市、区）发生洪涝灾害，洪涝灾害损失达 109.2 亿元，为 1950 年以来最重年份之一。贵州省森林生态系统的水源涵养功能对于维持贵州省乃至西南地区的用水安全起到了非常重要的作用。贵州省河流众多，主要分属长江流域和珠江流域两大水系，其中，长江流域由乌江水系、赤水河－綦江水系（金沙江水系）、沅江水系（洞庭湖水系）、牛栏江－横江水系构成；

珠江流域由红水河、北盘江、南盘江、都柳江四大水系构成，这两大水系为其下游城镇提供了丰富的水资源。为充分了解贵州省河流水资源质量状况与保障下游人们生产生活用水安全，贵州省共建有大型水库 22 座，中型水库 71 座；2016 年贵州省监测的主要河流共有 48 条，设置监测站点 138 个。评价河长为 7443.8 千米，其中属长江流域 4628.8 千米，珠江流域 2815 千米（贵州省水利厅，2016）。此外，贵州省近年来在大型水库上游大力实施水源涵养林人工造林，使得贵州省森林的涵养水源价值量较为显著。

净化大气环境功能价值量在各项服务功能价值贡献中，位列第二，占全省森林生态服务功能总价值量较高。据《2016 年贵州省环境公报》显示，2016 年，贵州省省域生态环境质量为良，生态环境状况"无明显变化"。全省 88 个县域生态环境质量评价为"优"、"良"、"一般"和"较差"等级，无"差"等级。其中，6 个"优"级，72 个"良"级，9 个"一般"级，1 个"较差"级。全省 9 个中心城市中，安顺市、毕节市、铜仁市、凯里市、都匀市和兴义市 6 个城市空气质量达到二级标准。在本次研究中，将森林滞纳 PM_{10} 和 $PM_{2.5}$ 的功能从净化大气环境中分离出来，并重点评估了这两项功能，从评估结果来看，贵州省森林吸收了大量的 PM_{10} 和 $PM_{2.5}$，降低了雾霾天气对人类生活和健康造成的干扰和危害。

贵州省在地质构造上属于中国东、西部不同地质构造地貌的转变地带，青藏高原隆起区向中部江汉平原沉降带的过渡区，地貌上处于中国西部高原山地向东部丘陵、平原过渡地带，气候由中国西南干湿季明显的西南季风向东部湿润的东南季风过渡，自然景观由南向北由湿润的南亚热带砖红壤性红壤季雨林向北亚热带的黄壤常绿阔叶林过渡。动物区系上的古北界种属向东洋种属过渡交叉，以及碳酸盐岩与非碳酸盐岩交错分布，形成喀斯特地貌与常态流水侵蚀地貌的交错和条带状分布。正是由于贵州省过于独特的生态环境特征，才导致其同时具有突出的生物多样性和异质性，成为我国生物多样性丰富区域之一。同时，通过建立自然保护区使生物多样性得到了更好的保护。贵州省目前已建成 10 个国家自然保护区、7 个省级自然保护区。另外，贵州省过熟林面积最少，随着林龄的增长，生物多样性保护价值量逐步增加，但过熟林生物多样性保护价值量明显较低。主要原因在于种间关联和排斥使得一个稳定的生态系统中生物多样性保护价值反而低于成长变化中的生态系统，不同的树种（组）也同样表现出这种规律（董秀凯，2014）。因此，贵州省森林生态系统的生物多样性保护功能价值量也较高。

固碳释氧功能价值量占全省森林生态服务功能总价值量的比例也较高，主要是因为贵州省森林资源中幼龄林面积较大，占全省森林面积的 48.56 %。中幼龄林处于快速成长期，在适宜的生长条件下，相对于成熟林或过熟林，具有更长的固碳期，累积的固碳量会更多（国家林业局，2015）。不同起源中，人工林固碳释氧单位面积生态效益价值量高于天然林，这主要是由于人工林在人为的培育和适宜的生长环境栽培下，林分净生产力高于天然林（董秀凯，2014）。有研究表明，当降雨量在 400~3200 毫米范围内时，降雨与植被碳储量之间呈正相关，但当降雨超过 3200 毫米时，降水与植被碳储量之间呈负相关（Lugo et al., 1986）。贵州省 2016 年平均降水量 1213.7 毫米，且面积较大的优势树种（组）林分净生产力较高，则贵州省森林生态系统固碳释氧功能较强。

贵州省有迷人的"天然公园"之称，境内有美丽的自然风光，秀丽的山水景色，绚丽的溶洞景观，山、水、林、石互相辉映，浑然一体。省内拥有知名的黄果树大瀑布、织金洞、马岭河峡谷等国家级风景名胜区以及铜仁梵净山、威宁草海等国家级自然保护区，举世闻名的红军长征文化，使人流连忘返。悠久的历史文化、浓郁的民族风情，以及宜人的气候资源，让贵州成为旅游观光及避暑的胜地。2016—2018 年，来贵州旅游的人数从 5 亿增长到近 10 亿，旅游收入挤进全国前三。不仅如此，凭借大生态激活发展大旅游底气，贵州"靠"山，更要"吃"出新花样。以贵州"山地公园省·多彩贵州风"为核心标识的文化旅游品牌正在升温。因此，贵州省森林游憩功能也具有巨大的潜力。

第二节　贵州省各市（州）森林生态系统服务功能价值量评估结果

贵州省各市（州）森林生态服务功能价值量见表 5-2。

贵州省各市（州）的森林生态服务价值量的空间分布格局如图 5-2 至图 5-11 所示。

一、涵养水源

涵养水源价值量最高的市（州）为黔东南州、黔南州和遵义市，占全省涵养水源总价值量的 55.05%；最低的为六盘水市、安顺市和贵阳市，占全省涵养水源总价值量的 14.09%。通过统计数据可以看出，黔东南州、黔南州和遵义市森林生态系统涵养水源价值占 3 个市（州）GDP 的 26.98%，而贵州省森林生态系统涵养水源价值量占各市（州）GDP 总量比值为 57.73%，由此可以看出贵州省各市(州)森林生态系统涵养水源功能对于贵州省的重要性。一般而言，建设水利设施用以拦截水流、增加贮备是人们采用最多的工程方法，但是建设水利等基础设施存在许多缺点，例如：占用大量的土地，改变了其土地利用方式；水利等基础设施存在使用年限等。所以，森林生态系统就像一个"绿色、安全、永久"的水利设施，只要不遭到破坏，其涵养水源功能是持续增长的，同时还能提高其他方面的生态功能，例如防止水土流失、吸收二氧化碳、生物多样性保护等。

表 5-2　贵州省各市（州）森林生态服务功能价值量评估结果

市（州）		安顺市	毕节市	贵阳市	六盘水	黔东南州	黔南州	黔西南州	铜仁市	遵义市	合计
面积（万公顷）		0.453	1.250	0.373	0.500	2.070	1.644	0.902	1.055	1.747	9.994
总价值（亿元/年）		310.140	916.134	291.890	339.347	1632.841	1227.217	624.544	830.196	1303.835	7476.144
涵养水源（亿元/年）		102.769	221.648	88.553	110.288	453.007	369.841	206.136	232.646	355.387	2140.274
保育土壤（亿元/年）		21.330	58.363	16.904	22.703	93.137	75.976	42.806	47.681	80.533	459.434
固碳释氧（亿元/年）		50.603	134.475	44.855	54.458	254.736	197.230	100.806	125.996	205.425	1168.585
积累营养物质（亿元/年）		6.782	17.241	5.474	7.580	25.843	22.882	13.465	14.308	23.672	137.247
净化大气环境（亿元/年）	总计	64.038	256.460	84.022	75.934	504.325	320.110	133.828	260.298	387.632	2086.647
	提供负离子	0.100	0.278	0.124	0.086	0.744	0.480	0.201	0.376	0.592	2.980
	吸收滞纳量 污染物	0.977	2.855	0.905	1.062	5.264	3.672	1.939	2.987	4.673	24.333
	滞纳 TSP	12.333	47.743	17.674	15.724	116.999	64.723	27.078	58.066	75.754	436.096
	滞纳 PM_{10}	1.357	5.068	1.592	1.600	9.399	6.321	2.739	4.999	7.484	40.559
	滞纳 $PM_{2.5}$	49.272	200.516	63.727	57.463	371.918	244.914	101.871	193.871	299.129	1582.679
生物多样性保护（亿元/年）		64.617	176.193	51.980	67.755	301.392	240.323	127.496	149.171	250.854	1429.780
森林游憩（亿元/年）		0.002	51.754	0.102	0.629	0.402	0.855	0.007	0.096	0.332	54.178

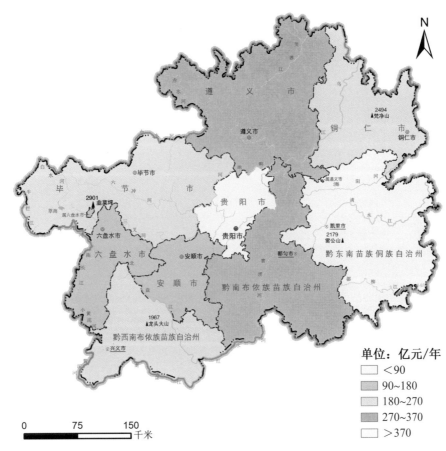

图 5-2　贵州省各市（州）森林涵养水源功能价值空间分布

二、保育土壤

保育土壤价值量最高的市（州）为黔东南州、遵义市和黔南州，占全省保育土壤总价值量的 54.34%；最低的为六盘水市、安顺市和贵阳市，占全省保育土壤总价值量的 13.26%。通过统计数据可以看出，黔东南州、遵义市和黔南州森林生态系统保育土壤价值占 3 个市（州）GDP 的 5.71%，而贵州省森林生态系统保育土壤价值量占各市（州）GDP 总量比值为 3.55%，由此可以看出贵州省黔东南州、遵义市和黔南州森林生态系统涵养水源功能对于贵州省的重要性。以上地区属于长江和珠江流域重要的干支流，贵州省区内还分布有长江流域 17 座大型水库、珠江流域 5 座大型水库，其森林生态系统的固土作用极大地保障了生态安全以及延长了水库的使用寿命，为本区域社会经济发展提供了重要保障。在地质灾害发生方面，地质条件复杂，是洪涝、滑坡、崩塌等地质灾害多发区，每年都有不同类型的地质灾害发生，给人民生命财产和国家经济建设造成重大损失。统计数据显示，2016 年，贵州省因自然灾害造成的直接经济损失为 173.73 亿元（贵州省统计局，2017），而贵州省各市（州）的森林生态系统保育土壤功能所创造的价值量是其经济损失的 2.6 倍。由此可见，贵州省各市（州）的森林生态系统对于降低贵州省地质灾害经济损失、保障人民生命财安全，具有非常重要的作用。

图 5-3   贵州省各市（州）森林保育土壤功能价值空间分布

三、固碳释氧

固碳释氧价值量最高的市（州）为黔东南州、遵义市和黔南州，占全省固碳释氧总价值量的 56.26%；最低的为六盘水市、安顺市和贵阳市，占全省固碳释氧总价值量的 12.83%。通过统计数据可以看出，黔东南州、遵义市和黔南州森林生态系统固碳释氧价值占 3 个市（州）GDP 的 15.06%，而贵州省森林生态系统固碳释氧价值量占各市（州）GDP 总量比值为 9.02%。2016 年贵州省对于环境保护资金的投入资金为 177.18 亿元，而贵州省各市（州）的森林生态系统固碳释氧功能所创造的价值量是其环保资金投入的 6.6 倍。可见，贵州省各市（州）的森林生态系统所创造的固碳释氧价值远远大于其投资成本。

单位：亿元/年
- <50
- $50\sim100$
- $100\sim150$
- $150\sim200$
- >200

0　　　75　　　150
千米

图 5-4　贵州省各市（州）森林固碳释氧功能价值空间分布

四、林木积累营养物质

林木积累营养物质价值量最高的市（州）为黔东南州、遵义市和黔南州，占全省林木积累营养物质总价值量的 52.75%；最低的为六盘水市、安顺市和贵阳市，占全省林木积累营养物质总价值量的 14.45%。通过统计数据可以看出，黔东南州、遵义市和黔南州森林生态系统林木积累营养物质价值占 3 个市（州）GDP 的 1.66%，而贵州省森林生态系统林木积累营养物质价值量占各市（州）GDP 总量比值为 1.06%。林木在生长过程中不断从周围环境吸收营养物质，固定在植物体中，成为全球生物化学循环不可缺少的环节。林木积累营养物质功能首先是维持自身生态系统的养分平衡，其次才是为人类提供生态系统服务。林木积累营养物质功能可以使土壤中部分养分元素暂时保存在植物体内，在之后的生命循环周期内再归还到土壤中，这样可以暂时降低因为水分流失而带来的养分元素的损失。一旦土壤养分元素损失就会带来土壤贫瘠化，若想再保持土壤原有的肥力水平，就需要向土壤中通过人为的方式输入养分，比如氮肥、磷肥、钾肥、复合肥的施入。统计数据显示：贵州省各市（州）的农业化肥使用中，毕节市的化肥施入量最高，六盘水市、安顺市和贵阳市最低，这说明贵州省各市（州）的林木积累营养物质的价值排序和各地区的化肥施入也存在一定的联系。

图 5-5　贵州省各市（州）森林林木积累营养物质功能价值空间分布

五、净化大气环境

净化大气环境价值量最高的市（州）为黔东南州、遵义市和黔南州，占全省净化大气环境总价值量的 58.09%；最低的为贵阳市、六盘水市和安顺市，占全省净化大气环境总价值量的 10.73%。通过统计数据可以看出，黔东南州、遵义市和黔南州森林生态系统净化大气环境价值占 3 个市（州）GDP 的 27.76%，而贵州省森林生态系统净化大气环境价值量占各市（州）GDP 总量比值为 16.11%。据《2016 年贵州环境公报》显示，2016 年起，贵州省 88 个县（市、区）开始按照《环境空气质量标准》（GB3095—2012）开展六指标环境空气自动监测，监测到 AQI 优良天数比例平均为 97.5%（贵州省环境保护厅，2016）。其中，贵阳市 10 个县（市、区）平均为 95.7%，遵义市 14 个县（市、区）平均为 96.6%，六盘水市 4 个县（市、区）平均为 96.4%，安顺市 6 个县（市、区）平均为 99.7%，毕节市 8 个县（市、区）平均为 96.4%，铜仁市 10 个县（市、区）平均为 96.5%，黔东南州 16 个县（市、区）平均为 98.2%，黔西南州 8 个县（市、区）平均为 99.1%。由此可以看出，贵州省各市（州）的森林生态系统所创造的净化大气环境价值对于贵州省的重要性。森林生态系统净化大气环境功能即为林木通过自身的生长过程，从空气中吸收污染气体，在体内经过一系列的转化过程，将吸收的污染气体降解后排出体外或者储存在体内；另一方面，林木通过林冠层的作用，加速颗粒物的沉降或者吸附滞纳在叶片表面，进而起到净化大气环境的作用，极大地降低了空气污染物对于人体的危害。

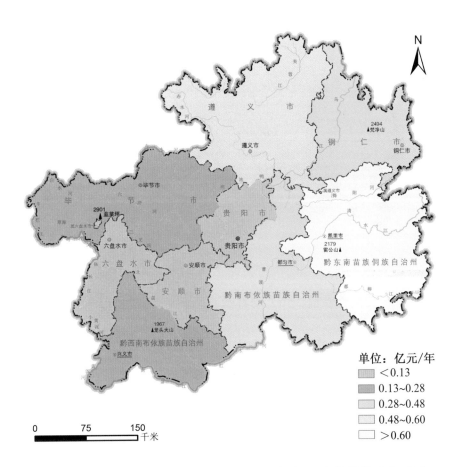

图 5-6 贵州省各市（州）森林提供负离子功能价值空间分布

单位：亿元/年
■ <1.20
■ 1.20~2.40
□ 2.40~3.60
■ 3.60~4.80
□ >4.80

图 5-7　贵州省各市（州）森林吸收污染物功能价值空间分布

单位：亿元/年
■ <80
■ 80~160
□ 160~240
■ 240~320
□ >320

图 5-8　贵州省各市（州）森林滞纳 PM$_{2.5}$ 功能价值空间分布

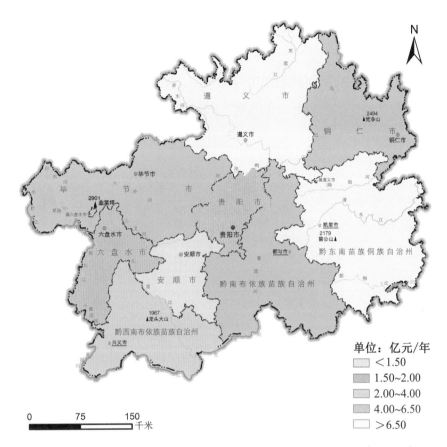

图 5-9 贵州省各市（州）森林滞纳 PM_{10} 功能价值空间分布

六、生物多样性

生物多样性价值量最高的市（州）为黔东南州、遵义市和黔南州，占全省生物多样性总价值量的 55.43%；最低的为六盘水市、安顺市和贵阳市，占全省生物多样性总价值量的 12.89%。通过统计数据可以看出，黔东南州、遵义市和黔南州森林生态系统生物多样性价值占 3 个市（州）GDP 的 18.15%，而贵州省森林生态系统生物多样性价值量占各市（州）GDP 总量比值为 11.04%。由于贵州气候处于亚热带东部湿润季风气候向亚热带西部半湿润气候的过渡地带，贵州境内气候、土壤、生物等类型复杂多样，为不同生态特性的野生动植物的生活繁殖创造良好条件，使贵州成为我国动植物区系复杂且具有明显过渡性、交错性的地区，生物多样性较高。相关研究表明：贵州省生物多样性重要性中极重要、重要区域多分布于远离中心城镇的边缘区域或自然保护区、周边区域，主要集中在贵州北部、东南部、西部及南部等区域，主要体现在以森林生态系统、珍稀动植物保护为主的梵净山国家自然保护区及周边区域；以桫椤、小黄花茶等野生植物保护为主的赤水桫椤国家自然保护区及周边区域；以森林、野生动植物保护为主的习水中亚热带常绿阔叶林国家自然保护区及周边区域；以中亚热带常绿阔叶林混交林保护为主的宽阔水国家自然保护区及周边区域；以高原生态系统及黑颈鹤等保护为主的威宁草海国家自然保护区及周边区域；以中亚热带森林及秃杉等珍

稀植物保护为主的雷公山国家自然保护区及周边区域；以喀斯特森林生态系统保护为主的茂兰国家自然保护区及周边区域。由于远离城镇或交通不便，区域内的动植物免受或少受人类的干扰和破坏，生物多样性的重要性表现出较高水平，而其他区域则遭受不同程度的破坏和干扰，生物多样性的重要性水平较低（张凡等，2011）。

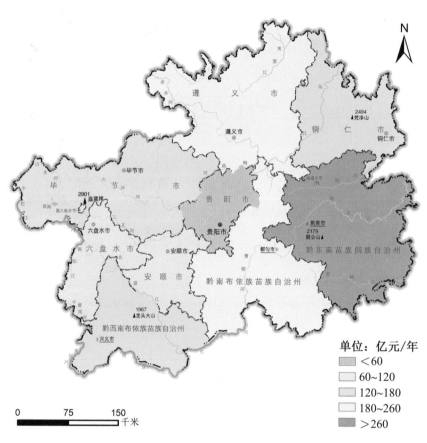

图 5-10　贵州省各市（州）森林生物多样性保育价值空间分布

七、森林游憩

森林游憩价值量最高的市（州）为毕节市、黔东南州和六盘水市，占全省森林游憩总价值量的 98.26％；最低的为铜仁市、黔西南州和安顺市，占全省森林游憩总价值量的 0.19%。毕节市位于贵州西北部，是贵州"金三角"之一，长江、珠江的屏障，西邻云南，北接四川，是乌江、北盘江、赤水河发源地，是一个多民族聚居、历史文化灿烂、资源富集、神奇秀美，被誉为"洞天湖地、花海鹤乡、避暑天堂"；毕节气候清凉宜人，是避暑旅游城市；同时，毕节是"三省红都"，长江以南最后一块革命根据地，厚重历史文化，在全国具有唯一性。通过统计数据可以看出，毕节市、黔东南州和六盘水市森林生态系统森林游憩价值占 3个市（州）GDP 的 1.21%，而贵州省森林生态系统森林游憩价值量占各市（州）GDP 总量比值为 0.42%。虽然这一产值严重低于其他生态系统功能，但是贵州省拥有着丰富的自然风景旅游资源，以及独特并多姿多彩的民风民俗，它们交相辉映，为西南地区及全国提供了高质量的旅游资源。据《贵州省统计年鉴 2017》统计数据显示，2016 年贵州省国内旅游人数 53038 万人次，国内旅游收入 5011.94 亿元，入境旅游人数 110.19 万人次，国际旅游外汇收入 25270.74 万美元。贵州省各市（州）的森林生态系统森林游憩价值是国内旅游收入价值的 1.08 倍，占贵州省旅游收入总价值的 3.1%。随着生态环境稳步改善，贵州成为全国自然遗产最多的省份，绿色贵州的知名度将会越来越响。

图 5-11　贵州省各市（州）森林森林游憩价值空间分布

通过以上评估结果，对贵州省各市（州）的森林生态系统各项服务的空间分布格局进行如下分析总结：

从表 5-2 和图 5-2 至 5-11 可以看出，黔东南州、遵义市和黔南州位于贵州省森林生态服务功能总价值的前三位，占全省总价值的 55.70%；而六盘水市、安顺市和贵阳市位于贵州省森林生态服务功能总价值的后三位，占全省总价值的 12.59%。《2016 年贵州省环境公报》显示，贵州省生态环境状况，东部至西部，与全省森林生态系统服务功能价值量的分布趋势一致，说明生态环境状况与森林分布和森林生态系统发挥的生态功能密切相关。

各市（州）的每项功能以及森林生态系统服务功能总价值量的分布格局，与贵州省各

市（州）森林资源自身的属性和所处地理位置有直接的关系。森林在贵州省经济建设和人民生活中占有重要的地位。贵州省是我国南方重点林区之一，也是生态建设的主战场。贵州省森林经过长期开发和利用，林木资源发生了显著的变化。全省森林植被的碳储量和碳密度分布不均，东、北较高，中、西较低；高碳储量和高密度区均集中在黔东南州，低碳储量和低碳密度区主要集中在贵阳、安顺、毕节、六盘水等地区，这是由于贵州地处东南季风和西南季风交替过渡区，在不同大气环流的控制和影响下，同时受到山地地形影响，造成贵州立体气候明显，垂直方向气候差异较大；东部常年温暖湿润而西部却呈现干湿交替的气候特征，而这些丰富的森林资源由于构成、所处地区等不同，因此发挥了不同的生态效益。

贵州省森林生态系统服务功能在各市（州）的分布格局存在着规律性：

第一，与其各市（州）的森林面积有关。各市（州）间森林生态系统服务功能的大小排序与森林面积大小排序大体一致，呈紧密的正相关关系。

第二，与其各市（州）的土地利用类型有关。有研究表明，贵州省的耕地和未利用地多分布中西部，林地多分布东部和南部，草地多分布西南部，建设用地多集中于中部，水域多分布中北部和南部；还有的研究通过结合各市（州）的地理位置分析发现，贵州省土地利用结构的多样化呈现出一定的规律：西南部地区（安顺市、六盘水市、黔西南州）的多样化程度最高，黔东南地区的多样化程度最低，其他地区（贵阳市、毕节市、遵义市、铜仁市、黔南州）则刚好介于两者之间。东部地区的林地面积占全省各市（州）总面积的65.19%，主要分布在黔东南州、遵义市、黔南州、铜仁地区，同时，其还是全省水源涵养林的主要分布区。所以，其森林生态系统服务功能较强。中部地区属于城市的繁华地带，人口密集，社会经济活动频繁，森林植被多为灌木草丛和稀疏的马尾松林，因此森林生态系统服务功能较弱。西部地区由于水热条件的不足，致使造林保存率不高、生长情况欠佳、造林树种单一等问题。因此，这一区域的森林生态系统服务功能较弱。

第三，与人为干扰有关。贵阳市是贵州省中心所在地，人口密度大，长期受人为活动的干扰，许多原生植被破坏严重，植被覆盖率低，进而导致其森林生态系统服务功能较低；在东南部的黔东南州和黔南州地区，由于人口密度较小，对森林的干扰强度减小，而且这一区域主要分布着生物量较高的马尾松林和杉木林，加之水热条件较好，因而具有较高森林生态系统服务功能。这说明人类活动干扰同样也是影响森林生态系统服务功能空间变异性的重要因素。

第四，与其生态建设政策息息相关。贵州省是世界知名山地"公园省"，拥有全国首个国家级大数据综合试验区，国家生态文明试验区，贵州省的生态建设坚守发展和生态两条底线，为实现"百姓富、生态美的多彩贵州"的生态目标正在奋力前行。未来，贵州省的森林生态系统服务功能将得到大幅的提升，全省的生态环境也将得到进一步的改善。

第三节　贵州省不同优势树种（组）生态系统服务功能价值量评估结果

根据物质量评估结果，利用价格参数，将贵州省主要优势树种（组）生态系统服务功能的物质量转化为价值量，见表 5-3。从表 5-3 及图 5-12 至 5-19 可以看出，贵州省各优势树种（组）生态系统服务功能价值量评估结果的分布格局呈明显的规律性，且差异较明显。

一、涵养水源

涵养水源功能价值量最高的 3 种优势树种（组）为喀斯特灌木林、马尾松林和针阔混交林，占全省涵养水源总价值量的 48.61%；最低的 3 种优势树种（组）为针叶混交林、杂竹林和毛竹林，仅占全省涵养水源总价值量的 2.11%（图 5-12）。统计资料显示：2016 年贵州省水利投入 383.5 亿元，喀斯特灌木林的涵养水源价值量均超过了 2016 年的水利工程投资总额，同时，马尾松林和针阔混交林的涵养水源功能价值也较为显著，这 3 个优势树种（组）达到了 2016 年贵州省水利工程投资额度的 2.7 倍，由此可以看出，贵州省森林生态系统涵养水源功能的重要性。因为，水利设施的建设需要占据一定面积的土地，往往会改变土地利用类型，无论是占据哪一类土地类型，均对社会造成不同程度的影响。另外，建设的水利设施还存在使用年限和一定危险性。随着使用年限的延长，水利设施内会淤积大量的淤泥，降低了其使用寿命，并且还存在崩塌的危险，对人民群众的生产生活造成潜在的威胁。所以，利用和提高森林生态系统涵养水源功能，可以减少相应的水利设施的建设，将以上危险性降到最低。

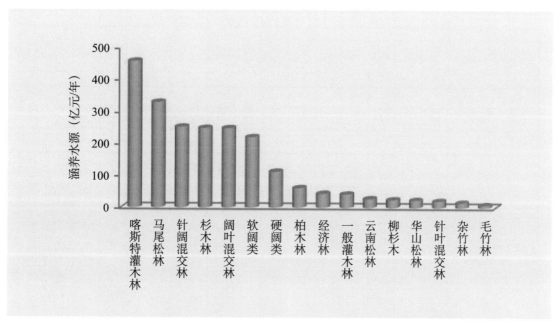

图 5-12　贵州省不同优势树种（组）涵养水源功能价值量

表 5-3 贵州省不同优势树种组生态服务功能价值量评估结果

优势树种组	面积（万公顷）	合计（亿元/年）	涵养水源（亿元/年）	保育土壤（亿元/年）	固碳释氧（亿元/年）	林分积累营养物质（亿元/年）	净化大气环境（亿元/年）						生物多样性保育（亿元/年）
							总计	提供负离子	吸收污染物	滞纳 TSP	滞尘量 滞纳 PM_{10}	滞纳 $PM_{2.5}$	
马尾松林	134.20	1237.98	330.01	56.81	196.00	16.33	452.51	0.72	3.71	125.52	8.69	313.87	186.31
云南松林	13.83	111.35	28.07	5.89	10.75	0.89	46.54	0.05	0.38	12.94	0.90	32.27	19.20
杉木林	127.94	1040.47	249.27	56.42	160.86	13.44	382.87	0.40	3.27	99.72	6.92	272.56	177.61
华山松林	11.81	104.37	23.45	6.31	12.09	0.75	45.39	0.04	0.33	11.04	0.86	33.12	16.39
柳杉林	10.92	93.74	25.17	5.05	14.31	0.91	33.15	0.03	0.28	8.51	0.61	23.72	15.15
柏木林	27.47	238.56	61.52	11.09	21.04	1.67	105.10	0.07	2.38	23.69	2.02	76.94	38.14
硬阔类	45.19	347.12	112.48	21.37	63.31	5.25	63.16	0.14	1.03	11.87	1.14	48.98	81.55
软阔类	71.42	554.33	220.88	34.80	76.32	12.79	110.40	0.24	1.39	18.75	2.11	87.91	99.15
针叶混交林	8.54	68.07	20.70	3.56	11.14	0.94	19.86	0.03	0.24	7.99	0.44	11.16	11.86
阔叶混交林	127.34	908.36	248.79	61.28	158.61	13.21	196.66	0.52	2.91	33.43	3.75	156.04	229.81
针阔混交林	88.19	788.83	253.03	43.29	100.80	16.19	253.08	0.44	2.89	58.65	4.66	186.44	122.43
经济林	35.95	155.67	44.26	14.08	38.59	10.53	23.25	0.03	0.70	9.45	0.41	12.67	24.96
毛竹林	6.45	41.27	8.64	2.75	8.53	0.41	16.48	0.04	0.13	1.69	0.31	14.32	4.47
杂竹林	8.84	63.84	15.85	3.71	9.03	0.43	22.56	0.03	0.17	2.32	0.42	19.62	12.27
喀斯特灌木林	255.51	1522.17	458.58	122.36	261.06	40.92	284.54	0.17	4.12	9.90	6.62	263.73	354.72
一般灌木林	26.95	154.16	42.25	11.21	27.53	2.76	33.01	0.02	0.43	1.04	0.74	30.77	37.41
总计	1000.54	7430.31	2142.95	459.98	1169.96	137.43	2088.56	2.98	24.36	436.51	40.60	1584.11	1431.42

二、保育土壤

保育土壤功能价值量最高的 3 种优势树种（组）为喀斯特灌木林、阔叶混交林和马尾松林，占全省保育土壤总价值量的 52.27%；最低的 3 种优势树种（组）为杂竹林、针叶混交林和毛竹林，仅占全省保育土壤总价值量的 2.78%（图 5-13）。有研究表明，贵州省西部、西北部及东北部地区水土流失最严重，强烈等级以上的水土流失主要在该区域；西南部、中部和东部地区次之；南部、东南部地区主要为轻度流失（秦志佳，2017）。从水土流失数量及比例看，全省水土流失依然以轻度侵蚀与中度侵蚀为主。而保育土壤功能价值量较高的几个优势树种（组）如马尾松林、杉木林、针阔混交、阔叶混交林主要分布在贵州省黔东南地区和遵义地区，灌木林与针叶林恰好相反，除东部有较少外，其他地区均有分布。众所周知，森林生态系统能够在一定程度上防止地质灾害的发生，这种作用就是通过其保持水土的功能来实现的。在防止水土流失的同时，还减少了随着径流进入到水库和湿地中的养分含量，降低了水体富养化程度，保障了贵州省湿地生态系统的安全。

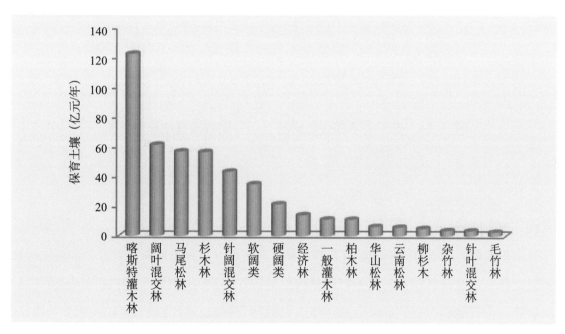

图 5-13　贵州省不同优势树种（组）保育土壤功能价值量

三、固碳释氧

固碳释氧功能价值量最高的 3 种优势树种（组）为喀斯特灌木林、马尾松林和杉木林，占全省固碳释氧总价值量的 52.82%；最低的 3 种优势树种（组）为云南松林、杂竹林和毛竹林，仅占全省固碳释氧总价值量的 2.42%（图 5-14）。评估结果显示，喀斯特灌木林、马尾松林和杉木林的固碳量达到 1435.75 万吨 / 年，若是通过工业减排的方式来减少等量的碳排放量，所投入的费用高达 5039.48 亿元，占贵州省 GDP 的 42.79%。单就喀斯特灌木林、马尾松林和杉木林固碳释氧功能而言，其价值量为 617.92 亿元 / 年，占工业减排费用的 12.28%，由此可以看出森林生态系统固碳释氧功能的重要作用。

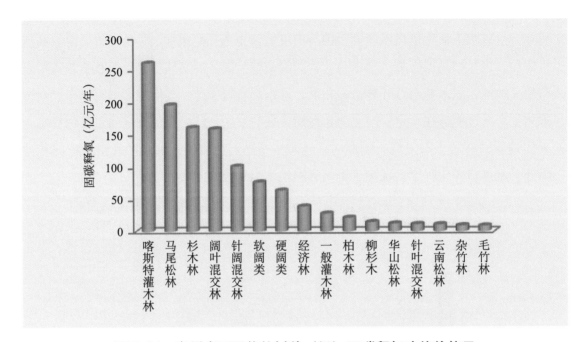

图 5-14　贵州省不同优势树种（组）固碳释氧功能价值量

四、积累营养物质

林木积累营养物质功能价值量最高的 3 种优势树种（组）为喀斯特灌木林、马尾松林和针阔混交林，占全省林木积累营养物质总价值量的 53.43%；最低的 3 种优势树种（组）为华山松林、杂竹林和毛竹林，仅占全省林木积累营养物质总价值量的 1.16%（图 5-15）。森林生态系统通过林木积累营养物质功能，可以将土壤中的部分养分暂时储存在林木体内。在其生命周期内，通过枯枝落叶和根系周转的方式再归还到土壤中，这样能够降低因为水土流失而造成的土壤养分的损失量。喀斯特灌木林、马尾松林和针阔混交林大部分分布在贵州省东南部山区及中部、西部地区，其林木积累营养物质功能可以防止土壤养分元素的流失，保持贵州省森林生态系统的稳定；另外，其林木积累营养物质功能可以减少农田土壤养分流失而造成的土壤贫瘠化，一定程度上降低了农田肥力衰退的风险。

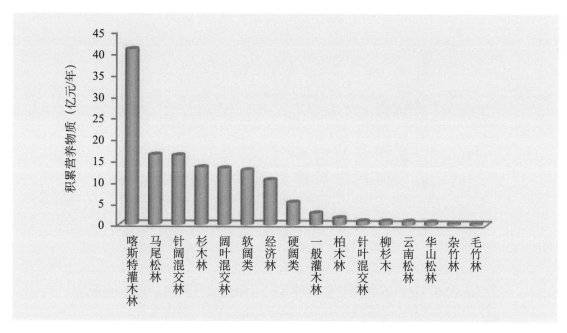

图 5-15　贵州省不同优势树种（组）林木积累营养物质功能价值量

五、净化大气环境

净化大气环境功能价值量最高的 3 种优势树种（组）为马尾松林、杉木林和喀斯特灌木林，占全省净化大气环境总价值量的 53.62%；最低的 3 种优势树种（组）为杂竹林、针叶混交林和毛竹林，仅占全省净化大气环境总价值量的 2.82%（图 5-16 至图 5-18）。森林生态系统净化大气环境功能即为林木通过自身的生长过程，从空气中吸收污染气体，在体内经过一系列的转化过程，将吸收的污染气体降解后排出体外或者储存在体内；另一方面，林木通过林冠层的作用，加速颗粒物的沉降或者吸附滞纳在叶片表面，进而起到净化大气环境的作用，极大地降低了空气污染物对于人体的危害。2016 年，贵州省二氧化硫排放量为 64.71 万吨，烟（粉）尘排放量 20.43 万吨，在空气污染治理过程中，工业废气二氧化硫去除率达到了 85%，烟（粉）尘去除率达到了 99.6%。全省对于老工业污染治理、建设项目"三同时"污染防治、城市环境基础设施建设、环境管理能力建设及工业污染治理设施运行费用的环境保护资金投入共计 117.18 亿元。因此，贵州省应该充分发挥森林生态系统净化大气环境功能，进而降低因为环境污染事件而造成的经济损失。

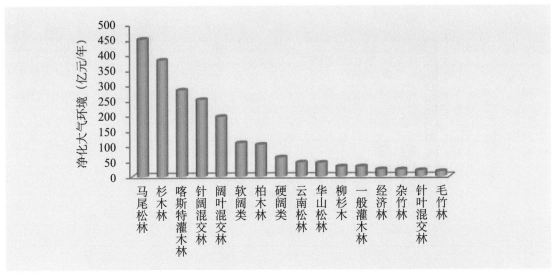

图 5-16　贵州省不同优势树种（组）净化大气环境功能价值量

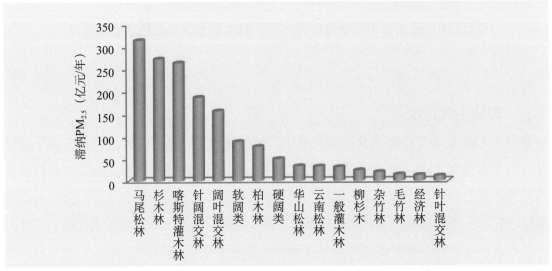

图 5-17　贵州省不同优势树种（组）滞纳 PM$_{2.5}$ 价值量

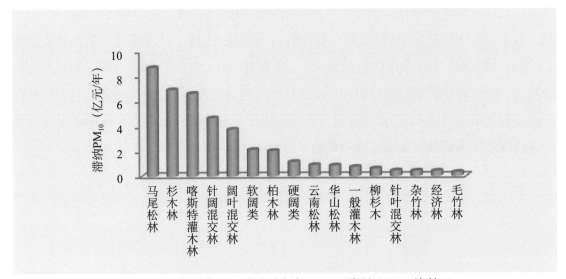

图 5-18　贵州省不同优势树种（组）滞纳 PM$_{10}$ 价值量

六、生物多样性保护

生物多样性保护功能价值量最高的 3 种优势树种（组）为喀斯特灌木林、阔叶混交林和马尾松林，占全省生物多样性保护总价值的 53.85%，最低的 3 种优势树种（组）为杂竹林、针叶混交林和毛竹林，仅占全省生物多样性总价值量的 2%（图 5-19）。由于贵州气候处于亚热带东部湿润季风气候向亚热带西部半湿润气候的过渡地带，贵州境内气候、土壤、生物等类型复杂多样，为不同生态特性的野生动植物的生活繁殖创造良好条件，使贵州成为我国动植物区系复杂且具有明显过渡性、交错性的地区，表现出较高的生物多样性。其中，马尾松林、杉木林、柏木林、云南松林等在全省的分布范围较广，而原生性的森林(常绿阔叶林、喀斯特地区的常绿落叶阔叶混交林，山地垂直带谱的常绿落叶阔叶混交林、落叶阔叶林、高中山山地针叶林等)以及少数由珍稀濒危物种为主构成的森林，是极为珍贵的森林生态系统。此区域是贵州省生物多样性保护的重点地区，建立了许多森林公园和自然保护区，主要体现在以森林生态系统、珍稀动植物保护为主的梵净山国家自然保护区及周边区域；以桫椤、小黄花茶等野生植物保护为主的赤水桫椤国家自然保护区及周边区域；以森林、野生动植物保护为主的习水中亚热带常绿阔叶林国家自然保护区及周边区域；以中亚热带常绿阔叶林混交林保护为主的宽阔水国家自然保护区及周边区域；以高原生态系统及黑颈鹤等保护为主的威宁草海国家自然保护区及周边区域；以中亚热带森林及秃杉等珍稀植物保护为主的雷公山国家自然保护区及周边区域；喀斯特森林生态系统保护为主的茂兰国家自然保护区及周边区域，离城镇远交通不便，区域内的动植物免受或少受人类的干扰和破坏，为生物多样性保护工作提供了坚实的基础（张凡，2011）。同时，正是因为生物多样性较为丰富，给这一区域带来了高质量的森林旅游资源，极大地提高了当地群众的收入水平。

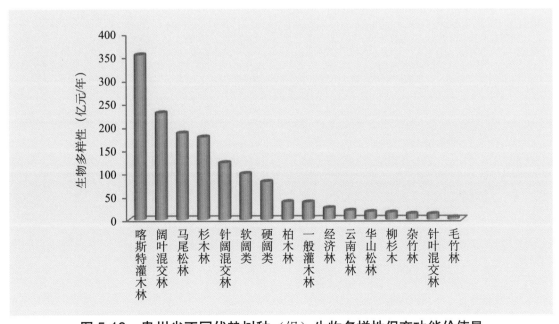

图 5-19　贵州省不同优势树种（组）生物多样性保育功能价值量

不同优势树种（组）的生态服务功能总价值量介于 41.27 亿 ~1522.17 亿元 / 年之间，生态系统服务功能总价值量为 7430.30 亿元 / 年，各功能价值量排序喀斯特灌木林＞马尾松林＞杉木林＞阔叶混交林＞针阔混交林＞软阔类＞硬阔类＞柏木林＞经济林＞一般灌木林＞云南松林＞华山松林＞柳杉林＞针叶混交林＞杂竹林＞毛竹林。其顺序与各优势树种（组）面积的大小顺序大致相同，说明各优势树种（组）六大功能价值量总和与面积呈正相关性。价值量最大的喀斯特灌木林占全省总价值量的 20.49%，其次是马尾松林，占总价值量 16.66%，最小的毛竹林，仅占 0.56%。

由以上结果可以看出，贵州省森林生态系统服务功能在主要优势树种（组）间的分布格局是由其面积决定的，主要优势树种（组）的面积大小排序与其生态系统服务功能大小排序呈现较高的正相关性，如喀斯特灌木林的面积占全局森林总面积的 25.54%，其生态系统服务功能价值量占全省总价值量的 20.49%；针叶混交林、杂竹林和毛竹林总面积占全省总面积的 2.33%，其生态系统服务功能价值量占全省总价值量的 2.38%。

其次，与主要优势树种（组）的龄级结构有关。森林生态系统服务功能是在林木生长过程中产生的，则林木的高生长也会对生态产品的产能带来正面的影响。影响森林生产力的因素包括：林分因子、气候因子、土壤因子和地形因子，它们对森林生产力的贡献率不同。有研究表明以上 4 个因子的贡献率分别为 56.7%、16.5%、2.4% 和 24.4%。由此可见，林分自身的作用是对森林生产力的变化影响最大，其中林龄最明显。在 5 个林龄组中，中龄林和近熟林有绝对的优势。贵州省主要优势树种（组）森林生态系统服务功能大小排序中，总体来看，常常占据前三位的分别为马尾松林、杉木林、阔叶混交林，中龄林面积分别占各自面积的 33.44%、31.44% 和 27.55%，由此表明较大面积的中龄林，发挥着重要的生态系统服务价值。

第六章
贵州省森林生态系统
服务功能动态变化

第一节　森林生态系统服务功能物质量动态变化

一、总物质量

根据《森林生态系统服务功能评估规范》的评价方法，评估了2011—2016年贵州省森林生态系统在涵养水源、保育土壤、固碳释氧、积累营养物质、净化大气5个方面各项指标的总物质量（表6-1）。

（一）水源涵养

由调节水量1个指标构成，主要是指森林对降水的截留、吸收和贮存，将地表水转为地表径流或地下水的作用。2011—2016年，调节水量变化不大，由2011年211.94亿立方米增加到2016年213.02亿立方米，增加了0.51%。

（二）保育土壤

由固土、有机质（C）、氮（N）、磷（P）、钾（K）5个指标构成。保育土壤功能着重在固土和保肥两方面发挥重要作用，从而有效地减少氮、磷、钾和有机质的流失。2011—2016年，森林固土量从19000.3万吨增加到21500.7万吨，增加了13.16%；土壤有机质（固碳量）从903.35万吨增加到932.32万吨，增加了3.21%；土壤固氮从34.86万吨增加到35.42万吨，增加了1.61%；土壤固磷量从14.08万吨增加到14.87万吨，增加了5.61%；土壤固钾量从229.71万吨增加到303.92万吨，增加了32.31%。

（三）固碳释氧

包括固碳和释氧2个指标，主要指森林吸收大气中二氧化碳转化为有机质，向大气中释放氧气。森林在维持大气中二氧化碳和氧气的动态平衡具有不可替代的作用。2011—2016年，全省森林固碳量从2458.14万吨增加到2724.70万吨，增加了10.84%；森林释放氧气从5671.26万吨增加到6270.17万吨，增加了10.56%。

（四）林分积累营养物质

林分养分积累主要指树木停止生长后，光合产物消耗减少，积累增多，枝、干的组织开始积累大量的淀粉和可溶性糖分及含氮化合物。本研究估算的物质量主要由树木积累氮、磷、钾含量 3 个指标组成。2011—2016 年，全省森林积累营养物质磷从 5.52 万吨增加到 6.49 万吨，增加了 17.57%；积累营养物质钾从 31.77 万吨增加到 42.24 万吨，增加了 32.96%。然而，2011—2016 年，全省森林积累营养物质氮从 39.54 万吨下降到 36.45 万吨，减少了 7.81%。

（五）净化大气环境

森林具有吸收和过滤有毒有害气体、粉尘的作用，从而降低大气中的有害气体及粉尘的浓度，增加了负氧离子的浓度。在净化大气环境中，森林发挥了提供负离子、吸收污染物、滞尘的功能。2011—2016 年，全省森林吸收二氧化硫从 100.28 万吨增加到 112.91 万吨，增加了 12.59%；吸收 HF 从 3.81 万吨增加到 4.09 万吨，增加了 7.35%；吸收氮氧化物从 4.19 万吨增加到 4.62 万吨，增加了 10.26%；吸收粉尘从 1.61 万吨增加到 1.68 万吨，增加了 4.35%。然而，2011—2016 年，全省森林提供负氧离子从 6.64×10^{25} 个减少到 5.95×10^{25} 个，减少了 10.39%。

总体来讲，2016 年与 2011 年相比较，除了林分积累营养物质中的氮物质量和净化大气环境中提供的负氧离子比 2011 年有一定下降外，其他功能的物质量均有明显增加，增幅范围在 0.51%~32.96% 之间。

表 6-1　2011—2016 年贵州省森林生态服务功能物质量

序号	功能	评价指标	2011年	2016年
1	涵养水源	调节水量（亿立方米）	211.94	213.02
2	保育土壤	固土（万吨）	19000.32	21500.67
		固氮（万吨）	34.86	35.42
		固磷（万吨）	14.08	14.87
		固钾（万吨）	229.71	303.92
		固有机质（万吨）	903.35	932.32
3	固碳释氧	固碳（万吨）	2458.14	2724.7
		释氧（万吨）	5671.26	6270.17
4	林分积累营养物质	氮（万吨）	39.54	36.45
		磷（万吨）	5.52	6.49
		钾（万吨）	31.77	42.24

（续）

序号	功能	评价指标	2011年	2016年
5	净化大气环境	提供负离子（$\times 10^{25}$个）	0.664	0.595
		吸收SO_2（万吨）	100.28	112.91
		吸收HF（万吨）	3.81	4.09
		吸收NO_X（万吨）	4.19	4.62
		滞尘（万吨）	1.61	1.68

二、总物质量变化特征

（一）单位面积物质量变化

2011年，贵州省森林生态系统单位面积水源涵养量为2385.2612立方米/公顷；单位面积固土量为21.3837吨/公顷，单位面积减少氮损失为0.0392吨/公顷，单位面积减少磷损失为0.0158吨/公顷，单位面积减少钾损失为0.2585吨/公顷，单位面积减少有机质损失为1.0167吨/公顷；单位面积固碳量为2.7664吨/公顷，释氧量为6.3826吨/公顷；单位面积林分积累氮为0.0445吨/公顷，积累磷为0.0062吨/公顷，积累钾为0.0358/公顷；单位面积提供负氧离子0.075×10^{25}个/公顷，吸收二氧化硫为0.1129吨/公顷，吸收氟化物为0.0043吨/公顷，吸收氮氧化物为0.0047吨/公顷，滞尘为18.1196吨/公顷。

2016年，贵州省森林生态系统单位面积水源涵养量为2129.0503立方米/公顷；单位面积固土量为21.4891吨/公顷、减少氮损失为0.0354吨/公顷、减少磷损失为0.0149吨/公顷、减少钾损失为0.3038吨/公顷、减少有机质损失为0.9318吨/公顷；单位面积固碳量为2.7232吨/公顷、释氧量为6.2668吨/公顷；单位面积林分积累氮为0.0364吨/公顷、积累磷为0.0065吨/公顷、积累钾为0.0422吨/公顷；单位面积提供负氧离子0.059×10^{25}个/公顷、吸收二氧化硫为0.1128吨/公顷，吸收氟化物为0.0041吨/公顷、吸收氮氧化物为0.0046吨/公顷、滞尘为16.7909吨/公顷。

（二）不同服务功能指标的物质量变化

2011—2016年，贵州省森林各项服务功能的物质量指标除少数有所下降之外，多数呈增长趋势（表6-1），总体上全省森林生态系统保护和恢复成效比较显著。5年间，各项服务功能指标中物质量变化最大的是林分钾元素积累，由2011年的31.77万吨增加至2016年42.24万吨，增幅32.96%。水源涵养、保育土壤、固碳释氧、林分P与K营养物质积累、吸收二氧化硫、氟化物、氮氧化物和滞尘的物质量增幅次之，范围在0.51%~32.31%。物质量增幅最小的是水量调节，增加了0.51%，可见贵州省森林生态系统在涵养水源方面的治理力度和治理方法有待进一步加强和改善。

2011—2016年，有两项指标的物质量呈减少趋势。森林净化大气提供的负氧离子从 2011 年的 0.664×10^{25} 个 / 公顷减少到 2016 年的 0.595×10^{25} 个 / 公顷，物质量减少了 10.39%；林分氮营养物质积累从 2011 年的 39.54 万吨减少到 2016 年的 36.45 万吨，物质量减少了 7.89%。林分氮营养物质积累减少的原因主要是对纯林进行了调整以及两期灌木林计算参数不同所致。森林提供的负氧离子下降主要是由于乔木林面积下降所致，其中硬阔叶林和华山松林面积下降幅度最大，分别减少了 53.2% 和 26.0%，相应的物质量减少幅度也最大。

三、不同优势树种林分类型服务功能物质量变化

（一）水源涵养功能物质量变化

2011—2016 年，贵州省森林不同优势树种（组）水源涵养功能指标的物质量变化较大（图 6-1），不同优势树种林分类型水源涵养功能的物质量差异显著。不同优势树种组水源涵养功能中物质量变化最大的是针阔混交林，其水源调节量增加 22.6 亿立方米，增幅高达 886.27%。针叶混交林、竹林和灌木林的水源调节量增幅次之，在 38.28%~308.98% 之间。水源调节量增幅最小的是阔叶混交林，其水源调节量增加了 1.15%。

在此期间，贵州省马尾松林、云南松林、华山松林、柏木林、杉木林、硬阔叶林和软阔叶林的水源调节量呈减少趋势，其中硬阔叶林的水源调节量下降幅度最大，其值减少了 62.92%；马尾松林、云南松林、华山松林、杉木林和软阔叶林的减幅次之，减少范围在 12.68%~41.60%。水源调节量减少最低的是柏木林，下降幅度为 10.79%。

2011 年，贵州省不同优势树种（组）提供的水源涵养物质量大小依次为马尾松林 > 灌木林 > 硬阔叶林 > 软阔叶林 > 杉木林 > 阔叶混交林 > 柏木林 > 云南松林 > 华山松林 > 针阔混交林 > 竹林。2016 年，贵州省不同优势树种（组）提供的水源涵养物质量大小依次为灌木林 > 马尾松 > 针阔混交林 > 杉木林 > 阔叶混交林 > 软阔叶林 > 硬阔叶林 > 竹林 > 柏木林 > 云南松林 > 华山松林 > 针叶混交林。

总的看来，2011—2016 年，贵州省不同森林类型中，除了柏木林和阔叶混交林水源涵养物质量变化不大外，针叶混交林、针阔混交林、竹林和灌木林调节水量呈上升趋势，而马尾松林、云南松林、华山松林、杉木林、硬阔叶林和软阔叶林调节水量呈下降趋势。

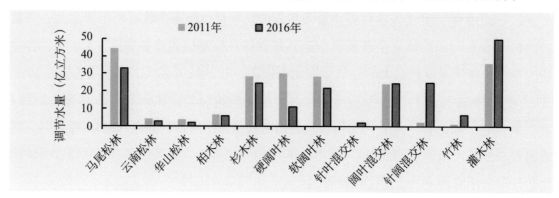

图 6-1　2011—2016 年优势树种林分类型调节水量

（二）保育土壤物质量的变化

1. 固土量变化

2011—2016 年，贵州省不同林分固土量的变化较大（图 6-2），不同森林植被类型有增有减。不同优势树种组固土量变化最大的是针阔混交林，其固土量增加 1731.56 万吨，增幅高达 919.97%。针叶混交林、阔叶混交林、竹林和灌木林的增幅次之，在 32.62%~285.68% 之间。固土量增幅最小的森林类型是柏木林，其固土量仅增加了 0.16%。

在此期间，贵州省马尾松林、云南松林、华山松林、杉木林、硬阔叶林和软阔叶林的固土量呈减少趋势，其中硬阔叶林的固土量下降幅度最大，其值减少了 53.20%；马尾松林、云南松林、华山松林、杉木林和软阔叶林的减幅次之，减少范围在 20.68%~26.04%。

2011 年，贵州省不同优势树种组固土量大小依次为灌木林＞马尾松＞杉木林＞硬阔叶林＞软阔叶林＞阔叶混交林＞柏木林＞云南松林＞华山松林＞竹林＞针阔混交林＞针叶混交林。2016 年，贵州省不同优势树种组固土量大小依次为灌木林＞马尾松＞阔叶混交林＞杉木林＞针阔混交林＞软阔叶林＞竹林＞硬阔叶林＞柏木林＞云南松林＞华山松林＞针叶混交林。

2011—2016 年，贵州省除了云南松林、华山松林和柏木林固土量变化较小外，马尾松林、杉木林、硬阔叶林和软阔叶林在保育土壤功能中固土量呈下降趋势，而针叶混交林、阔叶混交林、针阔混交林、竹林和灌木林的固土量呈上升趋势。除了竹林外，固土量增加的森林类型结构都比较复杂一些。

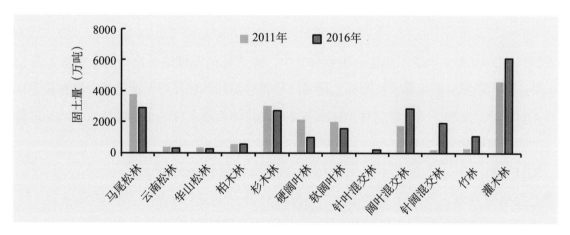

图 6-2　2011—2016 年贵州省不同优势树种林分类型固土量

2. 固氮量变化

2011—2016 年，贵州省不同优势树种组固氮量的变化依然较大（图 6-3），不同森林植被类型有增有减。不同优势树种组固氮量变化最大的是针阔混交林，其固氮量增加 2.66 万吨，增幅高达 806.06%。针叶混交林、阔叶混交林、竹林和灌木林的增幅次之，在

21.30%~350.00% 之间。固氮量增幅最小的森林类型是云南松林，其固氮量增加了 15.79%。

在此期间，贵州省马尾松林、华山松林、柏木林、杉木林、硬阔叶林和软阔叶林的固氮量呈减少趋势，其中硬阔叶林的固氮量下降幅度最大，其值减少了 70.51%；华山松林、柏木林、杉木林和软阔叶林的减幅次之，减少范围在 22.01%~48.89%。固氮量减少最低的林分是马尾松林，减少幅度为 5.88%。

2011 年，贵州省林分提供的固氮量大小依次为灌木林＞杉木林＞硬阔叶林＞马尾松＞阔叶混交林＞软阔叶林＞柏木林＞华山松林＞竹林＞云南松林＞针阔混交林＞针叶混交林。2016 年，贵州省不同林分提供的固氮量大小依次为灌木林＞阔叶混交林＞杉木林＞马尾松＞针阔混交林＞软阔叶林＞硬阔叶林＞竹林＞柏木林＞华山松林＞云南松林＞针叶混交林。

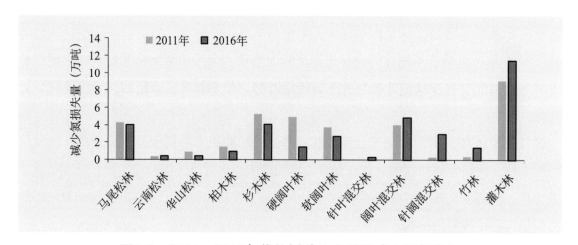

图6-3　2011—2016年优势树种林分类型减少氮损失量

2011—2016 年，全省不同优势树种林分中，除了马尾松林和云南松林土壤固氮量变化较小外，华山松林、柏木林、杉木林、硬阔叶林和软阔叶林在保育土壤功能中固氮量呈减少趋势，而针叶混交林、阔叶混交林、针阔混交林、竹林和灌木林的土壤固氮量呈增加趋势。

3. 固磷量变化

2011—2016 年，贵州省不同优势树种组固磷量变化依然较大（图 6-4），不同森林植被类型有增有减。不同优势树种组固磷量变化最大的是杉木林，其固磷量增加 1.33 万吨，增幅高达 738.89%。马尾松林、针叶混交林、阔叶混交林、竹林的增幅次之，在 23.93%~350.00% 之间。森林土壤固磷量增幅最小的森林类型是竹林，其固磷量仅增加了 4.57%。

在此期间，贵州省华山松林、硬阔叶林、软阔叶林、针阔混交林、阔叶混交林和竹林的固磷量呈减少趋势，其中杉木林的固磷量下降幅度最大，其值减少了 47.04%；硬阔叶林、软阔叶林、针阔混交林、阔叶混交林和竹林的固磷量减幅次之，减少范围在 5.00%~29.95%。

2011 年，贵州省不同林分提供的固磷量大小依次为灌木林＞杉木林＞软阔叶林＞阔叶混交林＞马尾松＞硬阔叶林＞竹林＞华山松林＞柏木林＞云南松林＞针阔混交林＞针叶混交林。2016年贵州省不同林分提供的固磷量大小依次为灌木林＞阔叶混交林＞杉木林＞针阔混交林＞马尾松＞软阔叶林＞硬阔叶林＞竹林＞柏木林＞华山松林＞云南松林＞针叶混交林。

2011—2016年，贵州省华山松林、杉木林、硬阔叶林和软阔叶林在保育土壤功能中土壤固磷量呈下降趋势，马尾松林、针叶混交林、阔叶混交林、针阔混交林、竹林和灌木林土壤固磷量呈上升趋势，而云南松林和柏木林的土壤固磷量变化不大。

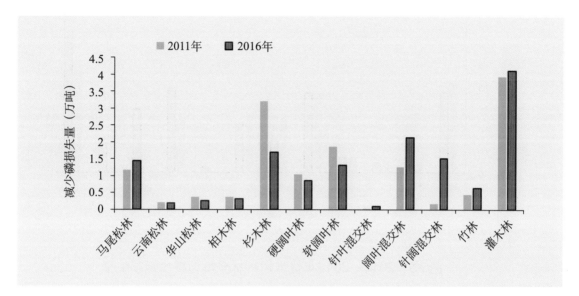

图6-4　2011—2016年优势树种林分类型减少磷损失量

4.固钾量变化

2011—2016年，贵州省不同优势树种组固钾量变化依然较大（图6-5），不同森林植被类型有增有减。不同优势树种组固钾量变化最大的是杉木林，其固钾量增加26.8万吨，增幅高达917.81%。柏木林、针叶混交林、阔叶混交林、竹林和灌木林的增幅次之，在11.13%~348.52%之间。固钾量增幅最小的森林类型是杉木林，其固钾量仅增加了0.38%。

在此期间，贵州省马尾松林、云南松林、华山松林、硬阔叶林、软阔叶林的固钾量呈减少趋势，其中硬阔叶林的固钾量下降幅度最大，其值减少了43.69%；马尾松林、云南松林、华山松林和软阔叶林的固钾量减幅次之，减少范围在12.04%~21.84%。

2011年，贵州省不同林分土壤固钾量大小依次为灌木林＞马尾松＞杉木林＞软阔叶林＞硬阔叶林＞阔叶混交林＞柏木林＞华山松林＞云南松林＞竹林＞针阔混交林＞针叶混交林。2016年贵州省不同林分土壤固钾量大小依次为灌木林＞阔叶混交林＞马尾松＞杉木林＞针阔混交林＞软阔叶林＞硬阔叶林＞竹林＞柏木林＞华山松林＞云南松林＞针叶混交林。

2011—2016 年，全省不同优势树种林分中，除了柏木林和杉木林土壤固钾量变化较小外，马尾松林、云南松林，华山松林、硬阔叶林和软阔叶林在保育土壤功能中土壤固钾物质量呈下降趋势，而针叶混交林、阔叶混交林、针阔混交林、竹林和灌木林土壤固钾物质量呈上升趋势。

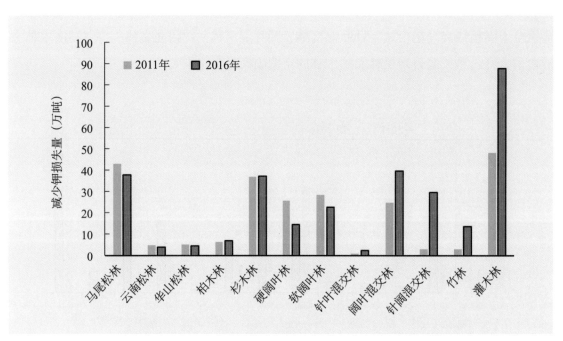

图6-5　2011—2016年优势树种林分类型减少钾损失量

5. 固持土壤有机质变化

2011—2016 年，贵州省不同优势树种（组）森林固持土壤有机质变化依然较大（图 6-6），不同森林植被类型有增有减。不同优势树种（组）固持土壤有机质变化最大的仍然是针阔混交林，其固持量增加 82.25 万吨，增幅高达 1090.85%。马尾松林、针叶混交林、阔叶混交林、竹林和灌木林的固持量增幅次之，在 4.96%~417.02% 之间。森林土壤固持有机质量增幅最小的森林类型是云南松林，其固持量仅增加了 4.69%。

在此期间，贵州省华山松林、柏木林、杉木林、硬阔叶林、软阔叶林的固持量呈减少趋势，其中硬阔叶林的固持量下降幅度最大，其值减少了 64.98%；华山松林、柏木林、杉木林、软阔叶林的固持量减幅次之，减少范围在 18.61%~43.29%。

2011 年，贵州省不同林分土壤有机质固持量大小依次为灌木林＞杉木林＞硬阔叶林＞马尾松＞软阔叶林＞阔叶混交林＞柏木林＞华山松林＞云南松林＞竹林＞针阔混交林＞针叶混交林。2016 年贵州省不同林分土壤有机质固持量大小依次为灌木林＞阔叶混交林＞马尾松＞杉木林＞针阔混交林＞软阔叶林＞竹林＞硬阔叶林＞柏木林＞云南松林＞华山松林＞针叶混交林。

2011—2016 年，在贵州省不同森林类型中，除了马尾松林和云南松林变化较小外，华山松林、柏木林、杉木林、硬阔叶林和软阔叶林在保育土壤功能中保持土壤有机质物质量在减少，而针叶混交林、阔叶混交林、针阔混交林、竹林和灌木林保持土壤有机质物质量在逐年增加。

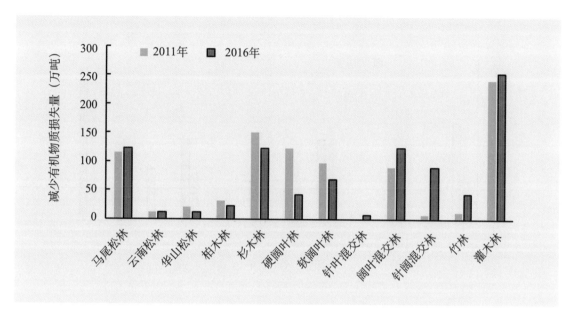

图6-6　2011—2016年优势树种林分类型固持土壤有机质量

（三）固碳释氧物质量变化

1. 林分固碳量变化

2011—2016年，贵州省不同优势树种组林木固碳量变化依然较大（图6-7），不同森林植被类型有增有减。不同优势树种组林木固碳量变化最大的仍然是针阔混交林，其林木固碳量增加212.19万吨，增幅高达915.4%。针叶混交林、阔叶混交林、针阔混交林、竹林和灌木林的林木固碳量增幅次之，在28.17%~295.22%之间。林木固碳量增幅最小的森林类型是柏木林，其固碳量增加了13.71%。

在此期间，贵州省马尾松林、云南松林、华山松林、杉木林、硬阔叶林和软阔叶林的林木固碳量呈减少趋势，其中云南松林的林木固碳量下降幅度最大，其值减少了51.11%；马尾松林、华山松林、杉木林、硬阔叶林和软阔叶林的林木固碳量减幅次之，减少范围在14.962%~47.98%之间。

2011年，贵州省不同林分林木固碳量大小依次为马尾松＞灌木林＞杉木林＞硬阔叶林＞软阔叶林＞阔叶混交林＞云南松林＞柏木林＞竹林＞华山松林＞针阔混交林＞针叶混交林。2016年，贵州省不同林分林木固碳量大小依次为灌木林＞马尾松＞杉木林＞阔叶混交林＞针阔混交林＞软阔叶林＞硬阔叶林＞竹林＞柏木林＞华山松林＞云南松林＞针叶混交林。

2011—2016 年，马尾松林、云南松林、华山松林、杉木林、硬阔叶林和软阔叶林林木固碳量呈下降趋势，而柏木林、针叶混交林、阔叶混交林、针阔混交林、竹林和灌木林固碳量呈上升趋势。

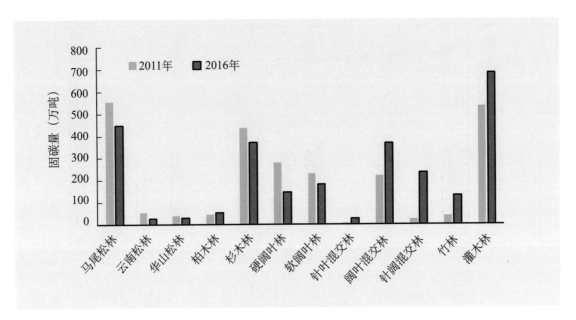

图6-7　2011—2016年优势树种林分类型固碳量

2. 林分释氧量变化

2011—2016 年，贵州省不同优势树种（组）林木释氧量变化依然较大（图 6-8），不同森林植被类型有增有减。不同优势树种组林木释氧量变化最大的仍然是针阔混交林，其林木释氧量增加 486.63 万吨，增幅高达 914.55%。针叶混交林、阔叶混交林、针阔混交林、竹林和灌木林的林木释氧量增幅次之，在 28.17%~296.3% 之间。林木释氧量增幅最小的森林类型是柏木林，其释氧量增加了 17.68%。

在此期间，贵州省马尾松林、云南松林、华山松林、杉木林、硬阔叶林和软阔叶林的林木释氧量呈减少趋势，其中云南松林的林木释氧量下降幅度最大，其值减少了 55.39%；马尾松林、华山松林、杉木林、硬阔叶林和软阔叶林的林木释氧量减幅次之，减少范围在 15.64%~47.98% 之间。

2011 年，贵州省不同林分释氧量大小依次为马尾松＞灌木林＞杉木林＞硬阔叶林＞软阔叶林＞阔叶混交林＞云南松林＞柏木林＞竹林＞华山松林＞针阔混交林＞针叶混交林。2016 年，贵州省不同林分释氧量大小依次为灌木林＞马尾松＞杉木林＞阔叶混交林＞针阔混交林＞软阔叶林＞硬阔叶林＞竹林＞柏木林＞华山松林＞针叶混交林＞云南松林。

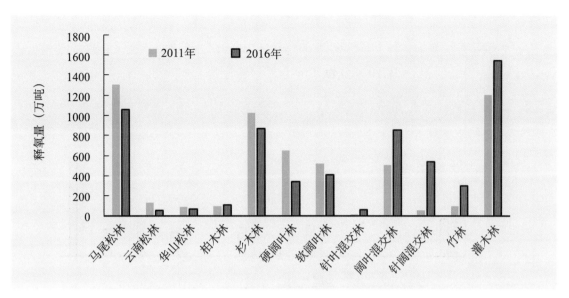

图6-8　2011—2016年优势树种林分类型释氧量

2011—2016 年，贵州省不同优势树种林分中，除了华山松林和柏木林变化较小外，马尾松林、云南松林、杉木林、硬阔叶林和软阔叶林在固碳释氧功能中释氧量呈减少趋势，而柏木林、针叶混交林、阔叶混交林、针阔混交林、竹林和灌木林释氧量呈增加趋势。

（四）积累营养物质量变化

1. 林分氮积累的物质量变化

2011—2016 年，贵州省不同林分积累氮的变化较大（图 6-9），不同森林植被类型有增有减。不同优势树种组积累氮物质量变化最大的是竹林，其积累氮物质量增加 3.05 万吨，增幅高达 1452.38%。柏木林、针叶混交林、阔叶混交林和针阔混交林的增幅次之，在 16.28%~918.6% 之间。积累氮物质量增幅最小的森林类型是杉木林，其固氮量增加了 3.97%。

在此期间，贵州省马尾松林、云南松林、华山松林、硬阔叶林、软阔叶林和灌木林的氮物质积累量呈减少趋势，其中云南松林的氮积累量下降幅度最大，其值减少了 55.56%；华山松林、硬阔叶林、软阔叶林和灌木林的减幅次之，减少范围在 22.75%~47.51%。氮物质积累量减少最低的林分是马尾松林，减少幅度为 19.53%。

2011 年，贵州省不同林分积累营氮的大小依次为灌木林＞马尾松＞软阔叶林＞杉木林＞硬阔叶林＞阔叶混交林＞云南松林＞柏木林＞针阔混交林＞华山松林＞竹林＞针叶混交林。2016 年，贵州省不同林分积累氮的大小依次为灌木林＞马尾松＞针阔混交林＞杉木林＞软阔叶林＞竹林＞阔叶混交林＞硬阔叶林＞柏木林＞针叶混交林＞云南松林＞华山松林。

2011—2016 年，全省不同优势树种林分中，马尾松林、云南松林、华山松林、硬阔叶林和软阔叶林、灌木林在积累营养物质功能中林木积累氮物质量呈下降趋势，而柏木林、杉木林、针叶混交林、阔叶混交林、针阔混交林、竹林积累氮物质量呈上升趋势。

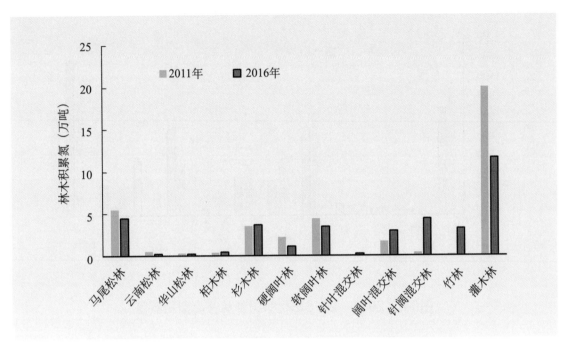

图6-9　2011—2016年优势树种林分类型积累氮物质量

2. 林分磷积累的物质量变化

2011—2016年，贵州省不同林分积累磷的变化较大（图6-10），不同森林植被类型有增有减。不同优势树种组积累磷物质量变化最大的是竹林，其积累磷物质量增加0.54万吨，增幅高达1350.00%。针叶混交林、阔叶混交林和针阔混交林的增幅次之，在58.73%~922.22%之间。积累磷物质量增幅最小的森林类型是灌木林林，其固钾量增加了2.12%。华山松林和柏木林积累磷物质量则没有变化，增幅均为0。

在此期间，贵州省马尾松林、云南松林、杉木林、硬阔叶林和软阔叶林的磷物质积累量呈减少趋势，其中云南松林的磷积累量下降幅度最大，其值减少了50.00%；杉木林、硬阔叶林和软阔叶林的减幅次之，减少范围在22.64%~47.50%。磷物质积累量减少最低的林分是马尾松林，减少幅度为17.78%。

2011—2016年，贵州省马尾松林、云南松林、华山松林、柏木林、杉木林、硬阔叶林和软阔叶林在积累营养物质功能中林木积累磷物质量逐年减少，而针叶混交林、阔叶混交林、针阔混交林、竹林和灌木林积累磷物质量逐年增加。

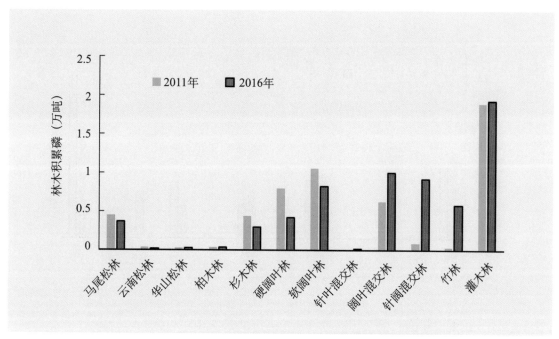

图6-10 2011—2016年优势树种林分类型积累磷物质量

3. 林分钾积累的物质量变化

2011—2016 年，贵州省不同林分积累钾的变化较大（图 6-11），不同森林植被类型有增有减。不同优势树种组积累钾物质量变化最大的是针阔混交林，其积累钾物质量增加 3.58 万吨，增幅高达 917.95%。杉木林、针叶混交林、阔叶混交林、竹林和灌木林的增幅次之，在 49.46%~590.91% 之间。积累钾物质量增幅最小的森林类型是柏木林，其固钾量增加了 13.89%。

在此期间，贵州省马尾松林、云南松林、华山松林、硬阔叶林和软阔叶林的钾物质积累量呈减少趋势，其中华山松林的钾积累量下降幅度最大，其值减少了 71.43%；云南松林、硬阔叶林和软阔叶林的减幅次之，减少范围在 22.33%~54.79%。钾物质积累量减少最低的林分是马尾松林，减少幅度为 18.97%。

2011 年，贵州省不同林分积累钾物质量大小依次为灌木林 > 马尾松 > 软阔叶林 > 硬阔叶林 > 阔叶混交林 > 杉木林 > 云南松林 > 华山松林 > 针阔混交林 > 柏木林 > 竹林 > 针叶混交林。2016 年，贵州省不同林分积累钾物质量大小依次为灌木林 > 马尾松 > 杉木林 > 阔叶混交林 > 针阔混交林 > 软阔叶林 > 竹林 > 硬阔叶林 > 柏木林 > 云南松林 > 针叶混交林 > 华山松林。

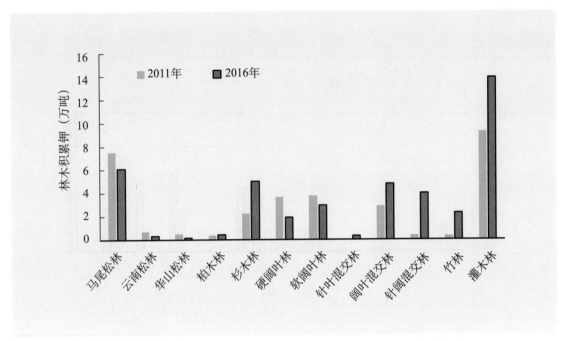

图6-11　2011—2016年优势树种林分类型积累钾物质量

2011—2016 年，贵州省不同森林类型中，马尾松林、云南松林，华山松林、硬阔叶林和软阔叶林在净化大气环境功能中林木积累钾物质量逐年减弱，而针叶混交林、阔叶混交林、针阔混交林、竹林和灌木林积累钾物质量在逐年增加。

（五）净化大气环境物质量变化

1. 提供负离子变化

2011—2016 年，贵州省不同林分提供负离子物质量的变化较大（图 6-12），不同森林植被类型有增有减。不同优势树种组提供负离子物质量的变化最大的是针阔混交林，其提供的负离子增加 0.756×10^{25} 个，增幅高达 1064.79%。针叶混交林和灌木林的增幅次之，在 83.71%~215.00% 之间。提供负离子物质量增幅最小的森林类型是阔叶混交林，其提供的负离子增加了 29.20%。

在此期间，贵州省马尾松林、云南松林、华山松林、柏木林、杉木林、硬阔叶林、软阔叶林和竹林的负离子提供量呈减少趋势。其中，硬阔叶林的负离子提供量下降幅度最大，其值减少了 59.13%；马尾松林、云南松林、华山松林、柏木林、杉木林和软阔叶林的减幅次之，减少范围在 14.36%~44.38%。提供负离子物质量下降幅度最低的林分是竹林，减少幅度为 9.71%。

2011 年，贵州省不同林分提供的负离子物质量大小依次为马尾松＞杉木林＞软阔叶林＞阔叶混交林＞硬阔叶林＞灌木林＞竹林＞柏木林＞云南松林＞华山松林＞针阔混交林＞针叶混交林。2016 年，贵州省不同林分提供的负离子物质量大小依次为马尾松＞阔叶混交林

>杉木林>针阔混交林>软阔叶林>灌木林>硬阔叶林>竹林>柏木林>云南松林>华山松林>针叶混交林。

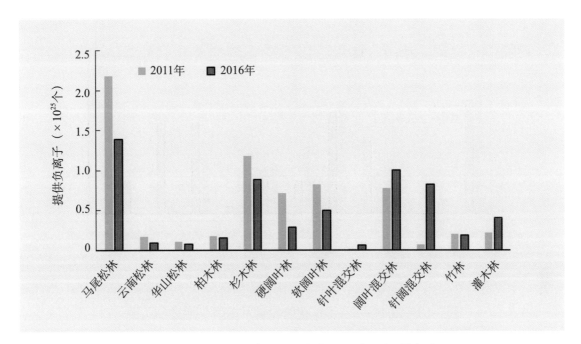

图6-12 2011—2016年优势树种林分类型提供负离子量

2011—2016年，贵州省马尾松林、云南松林、华山松林、柏木林、杉木林、硬阔叶林和软阔叶林在净化大气环境功能中提供负离子物质量呈减少趋势，而针叶混交林、阔叶混交林、针阔混交林、竹林和灌木林提供负离子物质量呈增加趋势。

2. 吸收 SO_2 物质量变化

2011—2016年，贵州省不同林分吸收 SO_2 物质量的变化较大（图6-13），不同森林植被类型有增有减。不同优势树种组吸收 SO_2 物质量的变化最大的是针阔混交林，其吸收的 SO_2 增加12.1万吨，增幅高达916.67%。针叶混交林、阔叶混交林、竹林和灌木林的增幅次之，在28.16%~328.3%之间。吸收 SO_2 物质量增幅最小的森林类型是柏木林，其 SO_2 的吸收量仅增加了0.35%。

在此期间，贵州省马尾松林、云南松林、华山松林、杉木林、硬阔叶林和软阔叶林的 SO_2 吸收量呈减少趋势，其中硬阔叶林的吸收量下降幅度最大，其值减少了53.16%；马尾松林、云南松林、华山松林和软阔叶林的减幅次之，减少范围在20.55%~25.63%。SO_2 吸收量下降幅度最低的林分是杉木林，减少幅度为10.15%。

2011年，贵州省不同林分吸收 SO_2 物质量大小依次为马尾松>灌木林>杉木林>柏木林>硬阔叶林>阔叶混交林>软阔叶林>云南松林>华山松林>针阔混交林>竹林>针叶混交林。2016年，贵州省不同林分吸收 SO_2 物质量大小依次为灌木林>马尾松>杉木林>阔叶混交林＞针阔混交林＞柏木林＞软阔叶林＞硬阔叶林＞竹林＞云南松林＞华山松林＞针叶混交林。

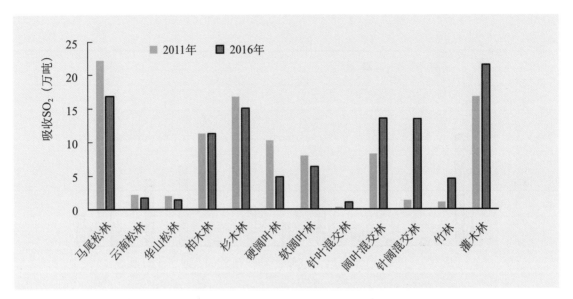

图6-13　2011—2016年优势树种林分类型吸收SO₂量

2011—2016年，贵州省马尾松林、云南松林，华山松林、杉木林、硬阔叶林和软阔叶林在净化大气环境功能中林木吸收 SO_2 物质量呈减弱趋势，而柏木林、针叶混交林、阔叶混交林、针阔混交林、竹林和灌木林等相对较复杂的森林类型，其林木吸收 SO_2 物质量呈增加趋势。

3. 吸收氟化物（以 HF 为代表）物质量变化

2011—2016年，贵州省不同林分吸收氟化物（HF）的变化较大（图6-14），不同森林植被类型有增有减。不同优势树种组吸收氟化物的量变化最大的是针阔混交林，其吸收的氟化物增加 0.45 万吨，增幅高达 900.00%。针叶混交林、阔叶混交林、竹林和灌木林的增幅次之，在 28.57%~666.67% 之间。吸收氟化物物质量没有发生变化的森林类型是柏木林，其氟化物的吸收量每年均为 0.16 万吨。

在此期间，贵州省马尾松林、云南松林、华山松林、杉木林、硬阔叶林和软阔叶林的氟化物吸收量呈减少趋势，其中硬阔叶林的吸收量下降幅度最大，其值减少了 53.33%；马尾松林、云南松林、华山松林和软阔叶林的减幅次之，减少范围在 21.43%~30.77%。氟化物吸收量减少最低的林分是杉木林，减少幅度为 10.61%。

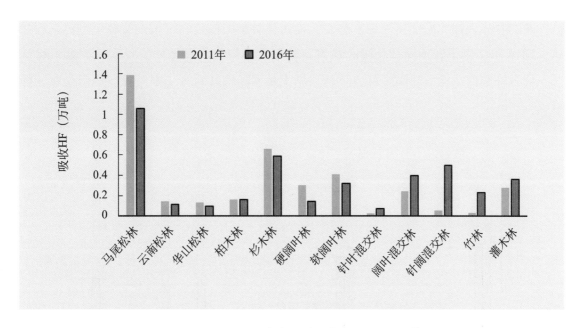

图6-14 2011—2016年优势树种林分类型吸收HF量

2011 年，贵州省不同林分吸收氟化物（HF）量大小依次为马尾松＞杉木林＞软阔叶林＞硬阔叶林＞灌木林＞阔叶混交林＞柏木林＞云南松林＞华山松林＞针阔混交林＞竹林＞针叶混交林。2016 年，贵州省不同林分吸收氟化物量大小依次为马尾松＞杉木林＞针阔混交林＞阔叶混交林＞灌木林＞软阔叶林＞竹林＞柏木林＞硬阔叶林＞云南松林＞华山松林＞针叶混交林。

2011—2016 年，除了柏木林外，贵州省马尾松林、云南松林，华山松林、杉木林、硬阔叶林和软阔叶林在净化大气环境功能中林木吸收 HF 物质量逐渐减少，而针叶混交林、阔叶混交林、针阔混交林和灌木林相对较复杂的林分，林木吸收 HF 物质量呈增加趋势。

4. 吸收 NO_x 变化

2011—2016 年，贵州省不同林分吸收氮氧化物（NO_x）的变化较大（图 6-15），不同森林植被类型有增有减。不同优势树种组吸收氮氧化物的量变化最大的是针阔混交林，其吸收的氮氧化物增加 0.49 万吨，增幅高达 980.00%。针叶混交林、阔叶混交林、竹林和灌木林的增幅次之，在 30.43%~500.00% 之间。吸收氮氧化物物质量增幅最小的森林类型是柏木林，其氮氧化物的吸收量增加了 5.26%。

在此期间，贵州省马尾松林、云南松林、华山松林、杉木林、硬阔叶林和软阔叶林的氮氧化物吸收量呈减少趋势，其中硬阔叶林的吸收量下降幅度最大，其值减少了 53.49%；马尾松林、云南松林、华山松林、硬阔叶林和软阔叶林的减幅次之，减少范围在 18.18%~27.27%。氮氧化物吸收量减少最低的林分是杉木林，减少幅度为 10.47%。

2011 年，贵州省不同林分吸收氮氧化物量大小依次为马尾松＞杉木林＞灌木林＞软阔叶林＞硬阔叶林＞阔叶混交林＞柏木林＞云南松林＞华山松林＞针阔混交林＞竹林＞针叶混交林。2016年，贵州省不同林分吸收氮氧化物量大小依次为马尾松＞杉木林＞灌木林＞阔叶混交林＞针阔混交林＞软阔叶林＞竹林＞柏木林＞硬阔叶林＞云南松林＞华山松林＞针叶混交林。

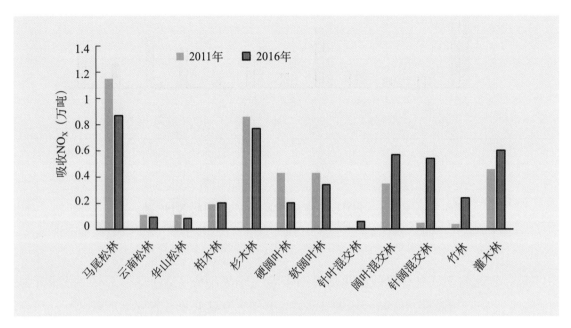

图6-15　2011—2016年优势树种林分类型吸收NOx量

2011—2016年，在贵州省不同优势树种林分中，除了柏木林外，马尾松林、云南松林、华山松林、杉木林、硬阔叶林和软阔叶林在净化大气环境功能中林木吸收NO_x物质量呈减少趋势，而针叶混交林、阔叶混交林、针阔混交林、竹林和灌木林吸收NO_x物质量呈增加趋势。

5. 滞尘量变化

2011—2016年，贵州省不同林分吸收粉尘量的变化较大（图6-16），不同森林植被类型有增有减。不同优势树种组滞尘量变化最大的仍然是针阔混交林，其滞尘量增加2034.41万吨，增幅高达919.17%。针叶混交林、阔叶混交林、竹林和灌木林的滞尘量增幅次之，在27.28%~683.08%之间。滞尘量增幅最小的森林类型是柏木林，其滞尘量仅增加了0.18%。

在此期间，贵州省马尾松林、云南松林、华山松林、杉木林、硬阔叶林和软阔叶林的滞尘量呈减少趋势，其中硬阔叶林的滞尘量下降幅度最大，其值减少了53.31%；马尾松林、云南松林、华山松林、杉木林和软阔叶林的滞尘量减幅次之，减少范围在10.31%~25.50%之间。

2011年，贵州省不同林分滞尘量大小依次为马尾松＞杉木林＞硬阔叶林＞软阔叶林＞柏木林＞阔叶混交林＞云南松林＞华山松林＞灌木林＞针阔混交林＞针叶混交林＞竹林。

2016 年，贵州省不同林分滞尘量大小依次为马尾松＞杉木林＞针阔混交林＞阔叶混交林＞柏木林＞软阔叶林＞竹林＞云南松林＞硬阔叶林＞华山松林＞灌木林＞针叶混交林。

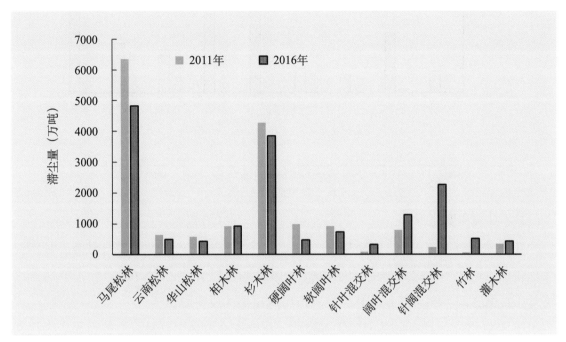

图6-16　2011—2016年优势树种林分类型滞尘量

2011—2016 年，在贵州省不同森林类型中，除了柏木林外，马尾松林、云南松林，华山松林、杉木林、硬阔叶林、软阔叶林在净化大气环境功能中林木吸收滞尘物质量呈下降趋势，而针叶混交林、阔叶混交林、针阔混交林、竹林和灌木林吸收滞尘物质量呈上升趋势。

四、不同森林类型面积及其与物质量的关系

（一）森林面积变化

贵州省国土总面积 1761.68 万公顷。2011 年，林地面积 989.60 万公顷，占国土总面积的 56.18%；森林面积 731.6 万公顷，森林覆盖率 41.53%，森林蓄积量 3.58 亿立方米。2016 年，生态保护成效突出，全省已建有自然保护区 119 个，其中，国家级自然保护区 10 个，森林面积增至 973.59 万公顷，森林覆盖率 55.3%，森林蓄积量 4.49 亿立方米，另有一般灌木林面积 26.95 万公顷。2011—2016 年，贵州省各市（州）森林面积增幅最大的是毕节地区，其次是黔南州和遵义地区，贵阳市森林面积变化不大（图 6-17）。

2011—2016 年，从森林类型提供的物质量看，物质量系数最大的乔木林占全省总面积的比例变化不大，为 37.18%~37.23%，增幅为 0.13%；竹林占全省总面积的比例为 0.74%~0.87%，增幅为 16.72%；灌木林占全省总面积的变化较大，为 12.51%~16.03%，增幅为 28.17%。

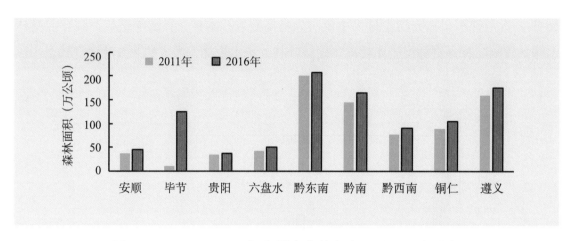

图6-17　2011—2016年贵州省森林各市（州）面积变化

1. 乔木林面积变化

2011年贵州省乔木林面积655.06万公顷，在全省乔木林中，阔叶类（软阔、硬阔、阔叶混）面积所占比例最大，占全省的40.4%，其次马尾松林，占26.92%。杉木林所占比例也较大，面积占21.74%。其他森林类型所占比例较小（表6-2）。

2016年贵州省乔木林面积655.93万公顷，在全省乔木林中，马尾松林面积所占比例最大，占全省的13.41%，其次为杉木林，占12.79%。阔叶类（软阔、硬阔、阔叶混）所占比例也较大，面积占12.73%。乔木优势树种组林分类型按面积排序前三的是马尾松林、杉木林和阔叶混交林，分别占全省优势树种组林分类型面积的13.41%、12.79% 和12.73%。其他森林类型所占比例较小。

表6-2　2011—2016年贵州省乔木林面积

森林类型	2011年		2016年	
	面积（万公顷）	比例（%）	面积（万公顷）	比例（%）
马尾松林	176.34	26.92	134.20	20.46
杉木林	142.43	21.74	127.94	19.51
硬阔叶林	96.56	14.74	45.19	6.89
软阔叶林	90.15	13.76	71.42	10.89
阔叶混交林	77.93	11.90	127.34	19.41
柏木林	27.39	4.18	27.47	4.19
云南松林	17.45	2.66	13.83	2.11
华山松林	15.96	2.44	11.81	1.80
针阔混交林	8.64	1.32	88.19	13.45
针叶混交林	2.21	0.34	8.54	1.30
合计	655.06	100.00	655.93	100.00

2.竹林面积变化

2011年贵州省竹林面积13.10万公顷，2016年全省竹林面积15.29万公顷（表6-3）。

表6-3 2011—2016年贵州省竹林面积

森林类型	2011年		2016年	
	面积（万公顷）	比例（%）	面积（万公顷）	比例（%）
毛竹	5.38	41.07	6.45	42.18
杂竹	7.72	58.93	8.84	57.82
合计	13.10	100.00	15.29	100.00

3.灌木林面积变化

2011年贵州省灌木林地220.38万公顷。其中，喀斯特山地灌木林136.21万公顷，占61.81%；非喀斯特山地灌木林84.17万公顷，占38.19%。2016年全省灌木林地282.46万公顷。其中，喀斯特山地灌木林255.51万公顷，占90.46%；非喀斯特山地灌木林26.95万公顷，占9.54%（表6-4）。

表6-4 2011—2016年贵州省灌木林面积

森林类型	2011年		2016年	
	面积（万公顷）	比例（%）	面积（万公顷）	比例（%）
喀斯特山地灌木林	136.21	61.81	255.51	90.46
非喀斯特山地灌木林	84.17	38.19	26.95	9.54
合计	220.38	100.00	282.46	100.00

（二）物质量变化与森林面积的关系

通过分析表明，不同森林类型水源涵养、保育土壤、固碳释氧、林分积累营养物质以及净化大气环境的物质量变化，与2011—2016年核算期内其相应面积的变化密切相关（图6-18）。从图6-18可知，2011—2016年，物质量变化较大的是针阔混交林和竹林，介于9.7%~1452.4%之间，其面积变化率分别为920.7%和16.7%；其次是针叶混交林，物质量变化幅度介于100%~500%之间，其面积变化率为286.4%。物质量变化最小的是柏木林和杉木林，介于 −47.0%~17.7% 之间，其森林面积变化率分别为0.3%和 −10.2%。这说明，混交林提供物质量要比纯林提供的物质要高，营造混交林是提高森林生态系统服务功能的重要手段。

总体来看，绝大多数森林类型2016年单位面积物质量要低于2011年单位面积物质量。但随着林龄增加，森林质量的提升，森林结构较为复杂的林分提供的总物质量大多呈上升趋势，而森林结构较为单一的林分提供的总物质量大多呈下降趋势。

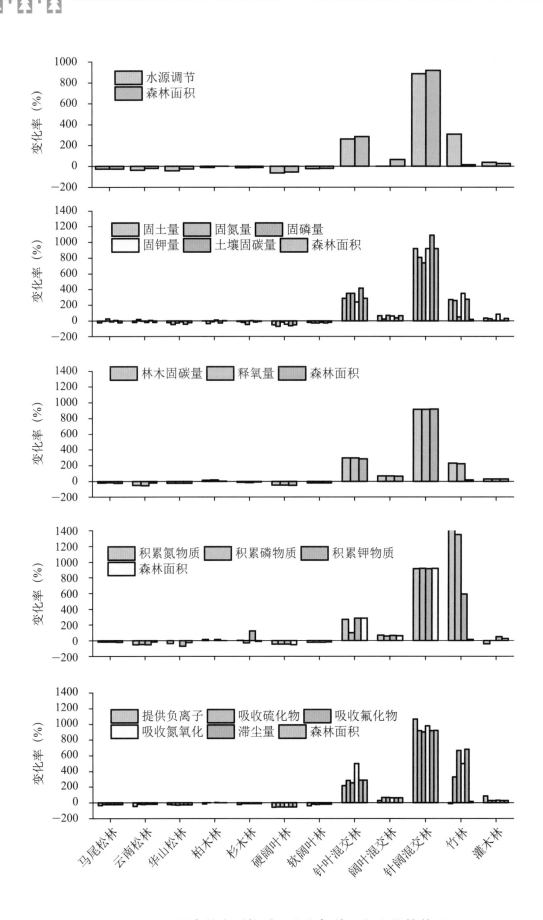

图6-18 不同森林类型物质量变化与其面积变化的关系

五、物质量分布区域变化

（一）安顺市

2011—2016 年，安顺市森林生态系统服务功能物质量变化有增有减（表6-5）。其中，涵养水源，保育土壤中的固土、固氮、固磷、固钾，固碳释氧，林分积累营养中的磷和钾物质量以及净化大气环境物质量都呈增加趋势，其余服务功能的物质量则呈下降趋势。

在此期间，安顺市森林生态系统服务功能物质量增加幅度最大的是林分积累钾物质量，增加了 0.65 万吨，增幅为 46.4%。保育土壤中的固钾物质量和净化大气环境中的吸收 SO_2 物质量增幅次之，分别增加了 3.58 万吨和 0.59 万吨，增幅为 37.0% 和 24.3%。保育土壤中的固有机质和林分氮积累物质量则分别下降了 5.81 万吨和 0.41 万吨，下降幅度为 12.6% 和 18.6%。

表6-5　2011—2016 年安顺市森林生态系统服务功能物质量动态

序号	功能	评价指标	2011年	2016年	变化量	变幅（%）
1	涵养水源	调节水量（亿立方米）	940.65	1021.56	80.91	8.6
2	保育土壤	固土（万吨）	794.07	978.78	184.71	23.3
		固氮（万吨）	1.69	1.97	0.28	16.6
		固磷（万吨）	0.62	0.7	0.08	12.9
		固钾（万吨）	9.68	13.26	3.58	37.0
		固有机质（万吨）	46.27	40.46	−5.81	−12.6
3	固碳释氧	固碳（万吨）	96.87	118.48	21.61	22.3
		释氧（万吨）	221.47	270.79	49.32	22.3
4	林分积累营养物质	氮（万吨）	2.2	1.79	−0.41	−18.6
		磷（万吨）	0.29	0.34	0.05	17.2
		钾（万吨）	1.4	2.05	0.65	46.4
5	净化大气环境	提供负离子（$\times 10^{25}$个）	0.196	0.2	0.004	2.0
		吸收SO_2（万吨）	3.66	4.55	0.89	24.3
		吸收HF（万吨）	0.12	0.14	0.02	16.7
		吸收NO_x（万吨）	0.14	0.17	0.03	21.4
		滞尘（万吨）	426.72	474.35	47.63	11.2

（二）毕节市

2011—2016 年，毕节市森林生态系统服务功能物质量变化有增有减（表6-6）。其中，提供负氧离子、土壤固有机质、土壤固氮以及林分氮积累指标物质量都呈下降趋势，其余12 个评价指标的物质量则呈上升趋势。

在此期间，毕节市森林服务功能物质量增加幅度最大的是保育土壤中的固钾物质量，增幅达到了 48.6%，增加了 13.53 万吨。林分积累钾和磷物质量增幅次之，分别增加了 1.22 万吨和 0.18 万吨，增幅分别为 31.7% 和 27.7%。服务功能物质量增幅最小的涵养水源，增幅仅为 0.6%。林分积累氮物质量则下降幅度最大，其物质量减少了 1.05 万吨，减幅为 18.6%；减少幅度最小的是林分提供的负离子，降幅为 4.0%。

表 6-6　2011—2016 年贵州省毕节市森林生态系统服务功能物质量动态

序号	功能	评价指标	2011年	2016年	变化量	变幅（%）
1	涵养水源	调节水量（亿立方米）	2189.48	2203.26	13.78	0.6
2	保育土壤	固土（万吨）	2215.8	2695.7	479.9	21.7
		固氮（万吨）	4.67	3.99	−0.68	−14.6
		固磷（万吨）	1.7	1.99	0.29	17.1
		固钾（万吨）	27.86	41.39	13.53	48.6
		固有机质（万吨）	129.98	113.75	−16.23	−12.5
3	固碳释氧	固碳（万吨）	274.4	316.24	41.84	15.2
		释氧（万吨）	627.8	718.68	90.88	14.5
4	林分积累营养物质	氮（万吨）	5.66	4.61	−1.05	−18.6
		磷（万吨）	0.65	0.83	0.18	27.7
		钾（万吨）	3.85	5.07	1.22	31.7
5	净化大气环境	提供负离子（$\times 10^{25}$个）	0.579	0.556	−0.023	−4.0
		吸收SO_2（万吨）	11.03	13.24	2.21	20.0
		吸收HF（万吨）	0.42	0.48	0.06	14.3
		吸收NO_x（万吨）	0.45	0.52	0.07	15.6
		滞尘（万吨）	1701.57	1836.28	134.71	7.9

（三）贵阳市

2011—2016 年，贵阳市森林生态系统服务功能物质量变化有增有减（表 6-7）。其中，净化大气滞尘量和提供负离子、林分积累氮物质和磷物质都呈下降趋势；吸收氟化物则没有变化；其余 11 个评价指标的物质量则呈上升趋势。

在此期间，贵阳市森林生态系统服务功能物质量增加幅度最大的是保育土壤中的固磷物质量，增加了 0.21 万吨，增幅为 42.9%。林分积累钾和土壤固氮物质量增幅次之，分别增加了 0.28 万吨和 0.17 万吨，增幅分别为 20.6% 和 13.4%。森林生态系统服务功能物质量增幅最小的是涵养水源，增幅为 2.6%。林分积累磷物质量则下降幅度最大，其物质量减少了 1.83 万吨，下降幅度高达 88%；物质量减少幅度最小的是林分滞尘量，降幅为 5.4%。

表6-7　2011—2016年贵阳市森林生态系统服务功能物质量动态

序号	功能	评价指标	2011年	2016年	变化量	变幅（%）
1	涵养水源	调节水量（亿立方米）	858.16	880.25	22.09	2.6
2	保育土壤	固土（万吨）	746.56	803.78	57.22	7.7
		固氮（万吨）	1.27	1.44	0.17	13.4
		固磷（万吨）	0.49	0.7	0.21	42.9
		固钾（万吨）	8.99	9.8	0.81	9.0
		固有机质（万吨）	32.69	36.36	3.67	11.2
3	固碳释氧	固碳（万吨）	96.31	104.13	7.82	8.1
		释氧（万吨）	222.14	240.61	18.47	8.3
4	林分积累营养物质	氮（万吨）	1.61	1.47	−0.14	−8.7
		磷（万吨）	2.08	0.25	−1.83	−88.0
		钾（万吨）	1.36	1.64	0.28	20.6
5	净化大气环境	提供负离子（$\times 10^{25}$个）	0.278	0.245	−0.033	−11.9
		吸收SO_2（万吨）	3.97	4.18	0.21	5.3
		吸收HF（万吨）	0.17	0.17	0	0.0
		吸收NO_X（万吨）	0.17	0.18	0.01	5.9
		滞尘（万吨）	718.59	679.77	−38.82	−5.4

（四）六盘水市

2011—2016年，六盘水市森林生态系统服务功能物质量变化有增有减（表6-8）。其中，保育土壤固氮、净化大气滞尘和提供负离子、林分积累氮和磷的物质量都呈下降趋势；其余11个评价指标的物质量则呈上升趋势。

在此期间，六盘水市森林生态系统服务功能物质量增加幅度最大的是林分积累钾物质量，增加了0.78万吨，增幅为55.3%。保育土壤固钾和固土物质量增幅次之，分别增加了3.8万吨和183.56万吨，增幅分别为35.6%和20.6%。森林生态系统服务功能物质量增幅最小的土壤固有机质，期间增加了2.23万吨土壤有机质，增幅为4.9%。林分积累磷物质量则下降幅度最大，其物质量减少了2.38万吨，下降幅度为87.2%；物质量减少幅度最小的是土壤固氮量，降幅为1.8%。

表 6-8　2011—2016 年六盘水市森林生态系统服务功能物质量动态

序号	功能	评价指标	2011年	2016年	变化量	变幅（%）
1	涵养水源	调节水量（亿立方米）	1013.08	1096.3	83.22	8.2
2	保育土壤	固土（万吨）	889.98	1073.54	183.56	20.6
		固氮（万吨）	1.7	1.67	−0.03	−1.8
		固磷（万吨）	0.79	0.88	0.09	11.4
		固钾（万吨）	10.66	14.46	3.8	35.6
		固有机质（万吨）	45.12	47.35	2.23	4.9
3	固碳释氧	固碳（万吨）	111.18	127.89	16.71	15.0
		释氧（万吨）	254.68	291.16	36.48	14.3
4	林分积累营养物质	氮（万吨）	2.26	2.05	−0.21	−9.3
		磷（万吨）	2.73	0.35	−2.38	−87.2
		钾（万吨）	1.41	2.19	0.78	55.3
5	净化大气环境	提供负离子（$\times 10^{25}$个）	0.201	0.176	−0.025	−12.4
		吸收SO_2（万吨）	4.44	4.94	0.5	11.3
		吸收HF（万吨）	0.15	0.16	0.01	6.7
		吸收NO_x（万吨）	0.18	0.19	0.01	5.6
		滞尘（万吨）	657.97	604.78	−53.19	−8.1

（五）黔东南州

2011—2016 年，黔东南州森林生态系统服务功能物质量变化有增有减（表 6-9）。其中，林分积累氮、土壤固氮、土壤固磷、涵养水源和提供负离子指标物质量呈下降趋势；其余 11 个评价指标的物质量则呈上升趋势。

在此期间，黔东南地区森林生态系统服务功能物质量增加幅度最大的是林分积累钾物质量，期间增加了 2.05 万吨，增幅为 32.6%。土壤固钾和吸收 SO_2 物质量增幅次之，分别增加了 6.46 万吨和 1.11 万吨，增幅分别为 12.2% 和 4.8%。森林生态系统服务功能物质量增幅最小的林分固碳和释氧，只增加了 4.6 万吨和 6.38 万吨，增幅分别为 0.8% 和 0.5%。林分提供负离子物质量则下降幅度最大，减少了 0.34×10^{25} 个负离子，下降幅度为 18.4%；物质量减少幅度最小的是林分氮物质积累，降幅为 0.1%。

表 6-9　2011—2016 年黔东南州森林生态系统服务功能物质量动态

序号	功能	评价指标	2011年	2016年	变化量	变幅（%）
1	涵养水源	调节水量（亿立方米）	4931.39	4503.05	−428.34	−8.7
2	保育土壤	固土（万吨）	4316.6	4450.88	134.28	3.1
		固氮（万吨）	7.78	7.11	−0.67	−8.6

（续）

序号	功能	评价指标	2011年	2016年	变化量	变幅（%）
2	保育土壤	固磷（万吨）	3.28	2.87	−0.41	−12.5
		固钾（万吨）	52.87	59.33	6.46	12.2
		固有机质（万吨）	204.38	208.39	4.01	2.0
3	固碳释氧	固碳（万吨）	585.3	589.9	4.6	0.8
		释氧（万吨）	1361	1367.38	6.38	0.5
4	林分积累营养物质	氮（万吨）	6.85	6.84	−0.01	−0.1
		磷（万吨）	1.09	1.14	0.05	4.6
		钾（万吨）	6.29	8.34	2.05	32.6
5	净化大气环境	提供负离子（$\times 10^{25}$个）	1.85	1.51	−0.34	−18.4
		吸收SO_2（万吨）	23.2	24.31	1.11	4.8
		吸收HF（万吨）	0.93	0.95	0.02	2.2
		吸收NO_x（万吨）	1.06	1.1	0.04	3.8
		滞尘（万吨）	4427.89	4499.97	72.08	1.6

（六）黔南州

2011—2016 年，黔南州森林生态系统服务功能物质量变化有增有减（表 6-10）。其中，林分积累氮、土壤固磷和提供负离子指标物质量呈下降趋势；其余 13 个评价指标的物质量则呈上升趋势。

在此期间，黔南州森林生态系统服务功能物质量增加幅度最大的是土壤固钾物质量，增加了 11.97 万吨，增幅为 32.2%。林分积累钾和吸收 SO_2 物质量增幅次之，物质量分别增加了 1.37 万吨和 2.21 万吨，增幅分别为 23.5% 和 15.0%。森林生态系统服务功能物质量增幅最小的是土壤有机质，增幅为 3.5%，仅增加了 5.05 万吨土壤有机质。土壤固磷物质量则下降幅度最大，其物质量减少了 1.55 万吨，降幅为 75.2%；物质量减少幅度最小的是林分提供的负离子，降幅为 6.0%。

表 6-10 2011—2016 年黔南州森林生态服务功能物质量动态

序号	功能	评价指标	2011年	2016年	变化量	变幅（%）
1	涵养水源	调节水量（亿立方米）	3306	3676.35	370.35	11.2
2	保育土壤	固土（万吨）	3109.9	3557.19	447.29	14.4
		固氮（万吨）	5.6	6.17	0.57	10.2
		固磷（万吨）	2.06	0.51	−1.55	−75.2
		固钾（万吨）	37.13	49.1	11.97	32.2
		固有机质（万吨）	144.5	149.55	5.05	3.5

（续）

序号	功能	评价指标	2011年	2016年	变化量	变幅（%）
3	固碳释氧	固碳（万吨）	406.1	458	51.9	12.8
		释氧（万吨）	939.1	1057.88	118.78	12.6
4	林分积累营养物质	氮（万吨）	7.07	6.01	−1.06	−15.0
		磷（万吨）	1.01	1.1	0.09	8.9
		钾（万吨）	5.84	7.21	1.37	23.5
5	净化大气环境	提供负离子（$\times 10^{25}$个）	1.005	0.945	−0.06	−6.0
		吸收SO_2（万吨）	14.78	16.99	2.21	15.0
		吸收HF（万吨）	0.61	0.65	0.04	6.6
		吸收NO_x（万吨）	0.65	0.72	0.07	10.8
		滞尘（万吨）	2300.36	2489.36	189	8.2

（七）黔西南州

2011—2016年，黔西南州森林生态系统服务功能物质量变化有增有减（表6-11）。其中，除林分积累氮和提供负离子指标物质量下降外；其余14个评价指标的物质量均呈上升趋势。

在此期间，黔西南州森林生态系统服务功能物质量增加幅度最大的是林分积累钾物质量，增加了1.14万吨，增幅为40.0%。土壤固钾和吸收SO_2物质量增幅次之，分别增加了7.57万吨和1.42万吨，增幅分别为37.0%和18.7%。服务功能物质量增幅最小的是土壤有机质，增幅仅为0.8%，增加了0.7万吨土壤有机质。而林分提供负离子下降幅度则高达90.9%，提供负离子减少了0.408×10^{25}个；林分积累N物质量降幅为11.2%，其物质量减少了0.45万吨。

表6-11　2011—2016年黔西南州森林生态系统服务功能物质量动态

序号	功能	评价指标	2011年	2016年	变化量	变幅（%）
1	涵养水源	调节水量（亿立方米）	1966.86	2049.07	82.21	4.2
2	保育土壤	固土（万吨）	1655.5	1945.44	289.94	17.5
		固氮（万吨）	3.25	3.43	0.18	5.5
		固磷（万吨）	1.36	1.46	0.1	7.4
		固钾（万吨）	20.46	28.03	7.57	37.0
		固有机质（万吨）	84.25	84.95	0.7	0.8
3	固碳释氧	固碳（万吨）	204.6	236	31.4	15.3
		释氧（万吨）	468.9	539.44	70.54	15.0

（续）

序号	功能	评价指标	2011年	2016年	变化量	变幅（%）
4	林分积累营养物质	氮（万吨）	4.02	3.57	−0.45	−11.2
		磷（万吨）	0.62	0.68	0.06	9.7
		钾（万吨）	2.85	3.99	1.14	40.0
5	净化大气环境	提供负离子（×10²⁵个）	0.449	0.041	−0.408	−90.9
		吸收SO_2（万吨）	7.59	9.01	1.42	18.7
		吸收HF（万吨）	0.26	0.29	0.03	11.5
		吸收NO_x（万吨）	0.32	0.36	0.04	12.5
		滞尘（万吨）	908	1041.47	133.47	14.7

（八）铜仁市

2011—2016年，铜仁市森林生态系统服务功能物质量变化多数呈上升趋势（表6-12）。其中，只有林分提供负离子指标物质量下降，降幅为1.2%。

铜仁市森林服务功能物质量增加幅度最大的是土壤固钾物质量，在此期间增加了11.11万吨，增幅为48.6%。林分积累钾和磷物质量增幅次之，分别增加了1.25万吨和0.17万吨，增幅分别为39.7%和37%。物质量增幅最小的是涵养水源调节量，在此期间增加了7.88亿立方米，增幅仅为0.3%。

表6-12　2011—2016年贵州省铜仁市森林生态服务功能物质量动态

序号	功能	评价指标	2011年	2016年	变化量	变幅（%）
1	涵养水源	调节水量（亿立方米）	2304.7	2312.58	7.88	0.3
2	保育土壤	固土（万吨）	1904	2263.96	359.96	18.9
		固氮（万吨）	3.29	3.41	0.12	3.6
		固磷（万吨）	1.22	1.38	0.16	13.1
		固钾（万吨）	22.84	33.95	11.11	48.6
		固有机质（万吨）	84.19	89.61	5.42	6.4
3	固碳释氧	固碳（万吨）	248.1	292.72	44.62	18.0
		释氧（万吨）	573	675.71	102.71	17.9
4	林分积累营养物质	氮（万吨）	3.36	3.83	0.47	14.0
		磷（万吨）	0.46	0.63	0.17	37.0
		钾（万吨）	3.15	4.4	1.25	39.7
5	净化大气环境	提供负离子（×10²⁵个）	0.749	0.74	−0.009	−1.2
		吸收SO_2（万吨）	11.78	13.85	2.07	17.6

（续）

序号	功能	评价指标	2011年	2016年	变化量	变幅（%）
5	净化大气环境	吸收HF（万吨）	0.46	0.51	0.05	10.9%
		吸收NO$_x$（万吨）	0.47	0.55	0.08	17.0%
		滞尘（万吨）	2031.8	2233.29	201.49	9.9%

（九）遵义市

2011—2016 年，遵义市森林生态系统服务功能物质量变化增减不一，有升有降（表 6-13）。其中，林分滞尘、提供负离子、土壤固磷、调节水量和林分积累氮物质量均呈下降趋势，而土壤固氮物质量未发生变化，其余评价指标的物质量则呈上升趋势。

在此期间，遵义市森林服务功能物质量增加幅度最大的是土壤固钾物质量，增加了 13.71 万吨，增幅为 33.8%。林分积累钾和磷物质量增幅次之，分别增加了 1.67 万吨和 0.23 万吨，增幅分别为 29.7% 和 24.7%。物质量增幅最小的是土壤固碳，在此期间只增加了 2.18 万吨，增幅仅为 1.4%。服务功能物质量降幅最大的是林分提供负离子，在此期间减少了 0.12×10^{25} 个，降幅为 9.3%。下降幅度最小的是净化大气滞尘量，在此期间下降了 13.27 万吨，下降幅度为 0.5%。

表 6-13　2011—2016 年遵义市森林生态系统服务功能物质量动态

序号	功能	评价指标	2011年	2016年	变化量	变幅（%）
1	涵养水源	调节水量（亿立方米）	3684.43	3532.68	−151.75	−4.1
2	保育土壤	固土（万吨）	3405.7	3772.68	366.98	10.8
		固氮（万吨）	6.19	6.19	0	0.0
		固磷（万吨）	2.43	2.36	−0.07	−2.9
		固钾（万吨）	40.57	54.28	13.71	33.8
		固有机质（万吨）	158.64	160.82	2.18	1.4
3	固碳释氧	固碳（万吨）	435.5	478.11	42.61	9.8
		释氧（万吨）	1003.1	1101.13	98.03	9.8
4	林分积累营养物质	氮（万吨）	6.51	6.23	−0.28	−4.3
		磷（万吨）	0.93	1.16	0.23	24.7
		钾（万吨）	5.63	7.3	1.67	29.7
5	净化大气环境	提供负离子（×10^{25}个）	1.29	1.17	−0.12	−9.3
		吸收SO$_2$（万吨）	19.83	21.72	1.89	9.5
		吸收HF（万吨）	0.7	0.73	0.03	4.3
		吸收NO$_x$（万吨）	0.76	0.82	0.06	7.9
		滞尘（万吨）	2926.9	2913.63	−13.27	−0.5

第二节　森林生态系统服务功能价值量动态变化

一、服务总价值的变化

2011 年和 2016 年贵州省森林生态系统功能服务功能总价值分别为 4275.28 亿元和 7163.29 亿元（表 6-14），分别占当年全省国内生产总值（GDP）76.3% 和 61.0%。按单位面积计算，2011 年每公顷森林提供的服务价值为 4.81 万元，2016 年每公顷森林提供的服务价值为 7.48 万元。在 GDP 保持强劲增幅的前提下，森林生态系统提供的服务价值较大，对保障全省生态安全具有重要意义。

2011 年，贵州省森林生态系统服务功能中，水源涵养价值最大，为 1738.12 亿元，占森林生态系统功能总服务价值的 40.66%，占当年全省总 GDP 的 31.04%。生物多样性保护和固碳释氧价值分别为 1080.18 亿元和 857.23 亿元，分别占森林总服务价值的 25.27% 和 20.05%。水源涵养服务是森林生态系统提供的关键服务功能，对全省生态环境的调节具有突出贡献。2011 年，贵州省森林生态系统服务功能指标的价值量大小依次为涵养水源＞生物多样性保护＞固碳释氧＞净化大气＞保育土壤＞林分积累营养物质＞森林游憩。其中，涵养水源、生物多样性保护和固碳释氧功能的价值较大，它们的价值之和占森林生态系统总服务价值的 85.97%，占当年总 GDP 的 65.63%。这与贵州典型的山地地形、水资源充沛、森林覆盖率较高、物种丰富的自然地理特征具有紧密的联系，也表明贵州在石漠化治理、森林生态系统的保护方面取得了较为显著的成效。

2016 年贵州省森林生态系统服务功能中，水源涵养价值依然最大，达到了 2142.95 亿元，占森林生态系统功能总服务价值的 29.92%，占当年全省总 GDP 的 18.26%。净化大气和生物多样性保护服务价值分别为 1767.37 亿元和 1431.42 亿元，分别占森林总服务价值的 24.67% 和 19.98%。2016 年，贵州省森林生态系统服务功能指标的价值量大小依次为涵养水源＞净化大气＞生物多样性保护＞固碳释氧＞保育土壤＞林分积累营养物质＞森林游憩。其中，涵养水源、净化大气和生物多样性保护提供的生态服务价值之和达到了森林服务总价值的 66.23%，占当年总 GDP 的 40.43%。在 GDP 保持高速增长的情况下，森林生态系统的服务功能，特别是在净化大气方面的服务发挥了重要的生态保护作用。

与 2011 年相比较，2016 年贵州森林生态系统各服务功能价值变化为涵养水源价值增加了 23.29%，保育土壤价值增加了 101.29%，固碳释氧价值增加了 36.48%，林木积累营养物质价值增加了 51.71%，净化大气环境价值增加了 589.41%，生物多样性保护价值增加了 32.52%，森林游憩价值增加了 123.15%，总价值量增加了 67.55%。

总体而言，2011—2016 年期间，贵州省森林生态服务功能总价值呈明显增加的趋势，各生态服务功能增加明显，其中在保育土壤（101.29%）、净化大气环境（589.41%）、森林游憩（123.15%）增加尤为明显。在这 5 年期间，贵州省森林生态服务功能总价值出现如此明显的上涨幅度，主要原因：一是森林面积的增加，发挥了较大的生态服务功能；二是 2016 年计算指标增加了 PM_{10} 和 $PM_{2.5}$ 两项，其价值量分别为 40.60 亿元和 1584.11 亿元；三是各种功能指标自身价值的提升，进一步凸显出森林在保护生态环境方面的重要性。

表 6-14　2011—2016 年贵州省森林生态服务功能价值量

功能类别	时期（亿元）		价值增长率（%）
	2011年	2016年	
涵养水源	1738.12	2142.95	23.29
保育土壤	228.52	459.98	101.29
固碳释氧	857.23	1169.96	36.48
林分积累营养物质	90.59	137.43	51.71
净化大气环境	256.36	1767.37	589.41
生物多样性保护	1080.18	1431.42	32.52
森林游憩	24.28	54.18	123.15
总价值	4275.28	7163.29	67.55

二、不同优势树种（组）服务功能价值量变化

（一）涵养水源价值量变化

2011—2016 年，贵州省森林不同优势树种（组）水源涵养价值量变化如图 6-19 所示。不同森林植被类型水源涵养价值量变化差异显著。不同优势树种组水源涵养价值量变化最大的是针阔混交林，其服务价值增加了 232.12 亿元，增幅高达 1110.09%。针叶混交林、竹林和灌木林的服务价值增幅次之，在 69.64%~341.36% 之间。水源调节价值量增幅最小的是柏木林和杉木林，其价值量仅分别增加了 9.39% 和 7.07%。

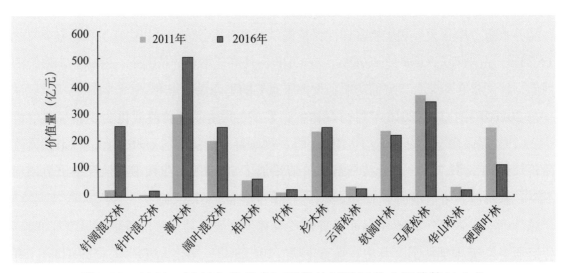

图6-19　2011—2016年贵州省不同优势树种涵养水源价值量变化

在此期间，贵州省软阔叶林、马尾松林、云南松林、华山松林和硬阔叶林的水源调节价值量呈减少趋势（图6-19）。其中，硬阔叶林的水源涵养价值量下降幅度最大，为134.76亿元，减少了54.51%；马尾松林、云南松林和华山松林的减幅次之，减少范围在9.24%~28.38%之间。水源调节价值量减少最低的是软阔叶林，其价值量下降幅度为5.74%。

（二）保育土壤价值量变化

　　2011—2016年，贵州省不同林分保育土壤价值量变化较大（图6-20），不同森林植被类型有增有减。不同优势树种组保育土壤价值量变化幅度最大的依然是针阔混交林，其价值量增加了40.75亿元，增幅高达1604.33%。针叶混交林、阔叶混交林、竹林和灌木林的增幅次之，为3.04亿~78.64亿元，增幅介于94.58%~584.62%之间。保育土壤价值量增幅最小的森林类型是华山松林，其价值量增加了18.16%，为0.97亿元。

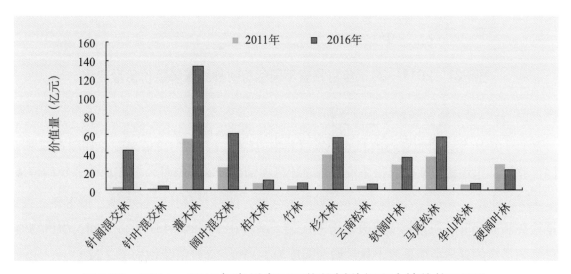

图6-20　2011—2016年贵州省不同优势树种保育土壤价值量变化

　　在此期间，贵州省硬阔叶林保育土壤价值量呈减少趋势，硬阔叶林的保育土壤价值下降幅度为21.58%，服务价值减少了5.88亿元（图6-20）。

（三）固碳释氧价值量变化

　　2011—2016年，贵州省不同优势树种(组)林木固碳释氧价值量变化依然较大(图6-21)，不同森林植被类型有增有减。不同优势树种（组）林木固碳释氧价值量变化最大的仍然是针阔混交林，其林木固碳释氧价值增加了92.70亿元，增幅高达1144.44%。针叶混交林、阔叶混交林、灌木林、柏木林和竹林的固碳释氧价值增幅次之，为6亿~109.41亿元，增幅介于24.45%~386.46%之间。林木固碳释氧价值增幅最小的森林类型是杉木林，其固碳释氧价值仅增加了3.87%。固碳释氧价值增加量最大的是灌木林，其价值量增加了109.41亿元。

　　在此期间，贵州省马尾松林、软阔叶林、华山松林、硬阔叶林和云南松林的林木固碳释氧价值量呈减少趋势（图6-21）。其中，云南松林的林木固碳释氧价值下降了幅度最大，其值减少了 8.45 亿元，降幅为 44.01%；马尾松林、软阔叶林、华山松林和硬阔叶林的林木固碳释氧价值减少量次之，下降幅度在 14.962%~47.98% 之间。硬阔叶林的减少量最大，达到了 34.64 亿元。

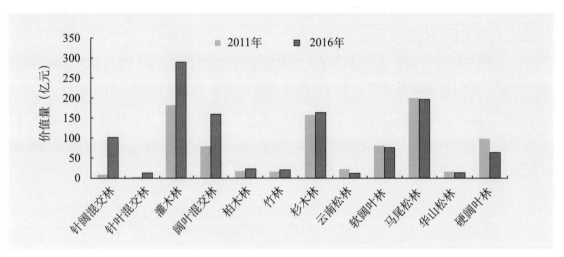

图6-21　2011—2016年贵州省不同优势树种固碳释氧价值量变化

（四）林分积累营养物质价值量变化

2011—2016 年，贵州省不同林分积累营养物质(氮、磷、钾)价值量变化如图 6-22 所示。不同优势树种组积累积累营养物质价值量变化最大的是针阔混交林，其积累营养物质价值增加了 15.13 亿元，增幅高达 1427.36%。针叶混交林、阔叶混交林、杉木林、柏木林、竹林、马尾松林和软阔叶林积累物质价值量增幅次之，增幅在 16.59%~487.50% 之间。积累物质价值量增幅最小的森林类型是灌木林，增加幅度为 5.35%，其价值量增加了 2.22 亿元。

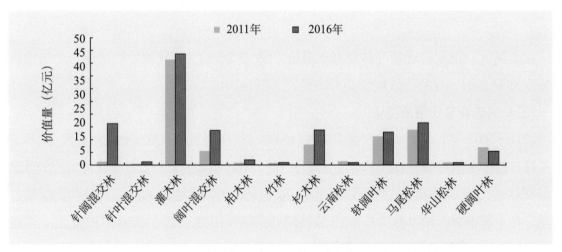

图6-22　2011—2016年贵州省不同优势树种积累物质价值量变化

在此期间，贵州省华山松林、硬阔叶林和云南松林的物质积累价值量呈减少趋势，其值分别减少了 0.13 亿元、1.43 亿元和 0.43 亿元，下降幅度分别为 14.77%、21.41% 和

32.58%（图6-22）。

（五）净化大气环境价值量变化

由于2011年计算全省森林净化大气环境的价值量时未包括$PM_{2.5}$和PM_{10}两项指标的价值，因此，在与2016年森林大气净化服务价值量比较时，扣除了这两项指标的价值量后再与2011年的相应价值量进行比较。

2011—2016年，在扣除$PM_{2.5}$和PM_{10}两项指标价值量的情况下，贵州省不同林分净化大气环境的价值量变化依然较大（图6-23）。不同优势树种（组）净化大气环境价值量变化幅度最大的仍然是针阔混交林，其服务价值增加了58.47亿元，增幅高达1665.81%。针叶混、竹林、阔叶混、灌木林、柏木林、杉木林、云南松林、软阔叶林、马尾松林和华山松林的净化大气服务价值增幅次之，价值增加量在2.57亿~36.81亿元之间，增长幅度为29.07%~566.13%。

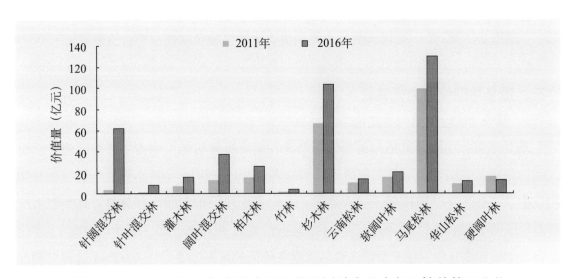

图6-23　2011—2016年贵州省不同优势树种净化大气环境价值量变化

在此期间，贵州省硬阔叶林净化大气价值量呈减少趋势（图6-23）。硬阔叶林的净化大气价值下降了3.12亿元，减少幅度为19.31%。

（六）生物多样性保护价值量变化

2011—2016年，贵州省不同林分生物多样性保护价值量变化较大（图6-24）。不同优势树种（组）生物多样性保护价值量变化幅度最大的也是针阔混交林，其服务价值增加了105.10亿元，增幅高达606.46%。针叶混交林、灌木林、阔叶混交林、柏木林、竹林、杉木林、云南松林、软阔叶林和马尾松林的生物多样性保护价值增幅次之，价值增加量在1.76亿~171.75亿元之间，增长幅度为5.61%~434.23%。其中，灌木林的生物多样性保护价值增加量最大，2011—2016年，其价值量增加了171.75亿元，增幅为77.93%。生物多样性增加幅度最小的是华山松林，其价值量只增加了0.42亿元，增加幅度为2.63%。

在此期间，贵州省硬阔叶林的生物多样性保护价值呈下降趋势（图 6-24）。硬阔叶林的生物多样性价值减少了 113.99 亿元，减少幅度为 58.29%。

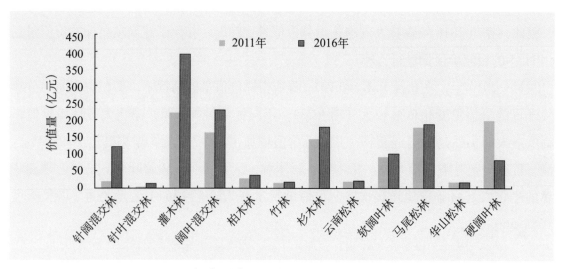

图6-24　2011—2016年贵州省不同优势树种生物多样性保护价值量变化

三、服务功能价值变化特征

（一）服务功能价值结构的变化

生态系统服务功能价值结构是指生态系统各单项服务功能价值占生态系统服务总价值的比例。从森林生态系统服务功能价值结构来看，2011—2016 年贵州省生态系统服务功能结构发生了一些变化。2011 年，涵养水源、生物多样性保护和固碳释氧是森林生态系统服务功能价值的主要组成部分，分别占当年总服务价值的 40.66%、25.27% 和 20.05%；净化大气、保育土壤和养分积累服务价值占森林总服务价值的范围为 2.12%~6.00%；森林游憩的价值最小，仅占森林总服务价值的 0.57%。2016 年，涵养水源、大气净化和生物多样性保护构成了森林生态系统的重要组成部分，分别占当年总服务价值的 29.92%、24.67% 和 19.98%；固碳释氧、保育土壤、营养物质积累服务价值占森林总服务价值的范围为 1.62%~16.33%；森林游憩的服务价值略有上升，但占比依然较小，为 0.76%。

2011—2016 年，单项服务价值增长率从大到小依次为净化大气＞森林游憩＞保育土壤＞营养物质积累＞固碳释氧＞生物多样性保护＞涵养水源。其中，净化大气服务价值增长最快，达到了 589.41%；水源涵养价值增幅最小，仅为 23.29%。随着 GDP 的增长，森林游憩价值也越来越得到重视和发展，增长率达到了 123.15%。

（二）不同林分类型服务功能价值量变化

2011—2016 年，贵州省不同林分类型的服务功能总价值，除硬阔叶林外，其他均呈增长趋势（表 6-15），总体上全省森林生态保护成效显著。乔木林、竹林和灌木林的服务价值分别增加 1992.68 亿元、59.14 亿元和 878.08 亿元，增幅分别为 58.5%、128.6% 和 110.0%。

竹林和灌木林的增幅最大，乔木林增幅最小。虽然乔木林的增幅最小，但在此期间，乔木林对森林生态系统的贡献最大，乔木林提供的价值占总服务价值的比例始终高达 75% 以上。

在乔木林中，马尾松林、云南松林、华山松林、柏木林、杉木林、软阔叶林、针叶混交林、阔叶混交林和针阔混交林的价值分别增加 353.75 亿元、23.72 亿元、27.54 亿元、116.66 亿元、398.26 亿元、97.46 亿元、56.94 亿元、426.68 亿元和 735.37 亿元，增幅分别为 40.0%、27.1%、35.8%、95.7%、62.0%、21.3%、512.1%、88.6%、1375.8%。其中，针阔混交林的服务功能价值增幅最大，马尾松林、柏木林、杉木林和阔叶混交林的增幅次之，均超过了 100%；云南松林、华山松林、针叶混交林和软阔叶林的增幅均未超过 100%；硬阔叶林的增幅呈下降趋势，其服务价值下降了 243.7 亿元，下降幅度为 41.2%。虽然硬阔叶林的服务价值下降，但在此期间，硬阔叶林服务价值占总森林服务价值的比例也在 5% 以上。

表 6-15　2011—2016 年贵州省各森林类型总服务价值变化

森林类型	价值（亿元）		2011—2016年	
	2011年	2016年	变化量（亿元）	变幅（%）
马尾松林	884.22	1237.97	353.75	40.0
云南松林	87.62	111.34	23.72	27.1
华山松林	76.84	104.38	27.54	35.8
柏木林	121.9	238.56	116.66	95.7
杉木林	642.21	1040.47	398.26	62.0
硬阔叶林	590.82	347.12	-243.7	-41.2
软阔叶林	456.88	554.34	97.46	21.3
针叶混交林	11.12	68.06	56.94	512.1
阔叶混交林	481.68	908.36	426.68	88.6
针阔混交林	53.45	788.82	735.37	1375.8
竹林	45.99	105.13	59.14	128.6
灌木林	798.27	1676.35	878.08	110.0
合计	4251	7180.9	2929.9	68.9

从森林生态系统的各项服务功能来看，2016 年与 2011 年相比，各林分类型的生态服务功能价值量都呈明显增加趋势（图 6-25）。其中净化大气环境功能方面增加幅度最大，增加了 1775.8 亿元，保育土壤功能方面次之，增加了 212.33 亿元，再次是林分积累营养物质功能方面，增加了 35.4 亿元。各项服务功能总价值增加量表现为净化大气环境＞保育土壤＞林分积累营养物质＞固碳释氧＞生物多样性保护＞涵养水源，所占比例分别为 692.70%、92.92%、39.08%、30.31%、28.80%、19.30%。

在进行造林时，不同的树种（组）在发挥各项服务功能时存在较大的差异，如针阔混交林在各项服务功能上都能产生较大的价值量，在涵养水源上能发挥较强功能的有针叶混交林，保育土壤功能有针叶混交林、阔叶混交林、灌木林，固碳释氧功能有阔叶混交林、针叶混交林，林分积累营养物质功能有杉木、阔叶混交林、针叶混交林，不同优势树种组在净化大气环境方面均能发挥其功能，而针对生物多样性保护方面相对复杂群落结构更能发挥它的功能，如针叶混交林、针阔混交林、针阔混交林。所以，在森林的经营过程中进行造林时，应该根据当地的实际情况选择合适的树种，发挥经济效益和生态效益的共同作用，更有利于林业的健康发展。

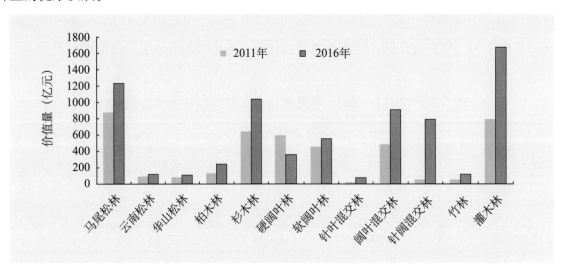

图6-25　2011—2016年贵州省不同优势树种组生态系统服务功能价值量

（三）价值量分布区域变化

贵州省森林生态系统服务功能价值量区域分布主要指市（州）森林生态系统服务功能价值量。其中，由于贵安新区各指标价值量很小，不便于统计，因此，本次核算未包含在内。2011—2016年各市（州）价值量见表6-16。2011—2016年，全省各市（州）森林生态系统服务功能总价值量的分布格局表现为黔东南州＞遵义市＞黔南州＞毕节市＞铜仁市＞黔西南州＞六盘水市＞安顺市＞贵阳市，所占比例分别为21.84%、17.44%、16.42%、12.25%、11.10%、8.35%、4.54%、4.15%和3.90%。

安顺市2016年的森林生态系统服务功能价值量比2011年增加了77.55%。毕节市2016年的森林生态系统服务功能价值量比2011年增加了97.20%。贵阳市2016年的森林生态系统服务功能价值量比2011年增加了70.42%。六盘水市2016年的森林生态系统服务功能价值量比2011年增加了79.82%。黔东南州2016年的森林生态系统服务功能价值量比2011年增加了62.77%。黔南州2016年的森林生态系统服务功能价值量比2011年增加了79.32%。黔西南州2016年的森林生态系统服务功能价值量比2011年增加了67.31%。铜仁市2016年的森林生态系统服务功能价值量比2011年增加了81.60%。遵义市2016年的森林生态系统服务功能价值量比 2011 年增加了 72.00%。

　　总体来看，2011—2016 年贵州省各市（州）森林生态服务功能价值量呈明显增加趋势，其中增加幅度最大的是毕节市，增加了 451.55 亿元，铜仁市次之，增加了 373.05 亿元，再次是六盘水，增加了 150.64 亿元。贵州省各市（州）森林生态服务功能价值量变化基本情况如下。由于森林游憩价值量占比较小，加之有的地区数据统计困难，因此，在分地区比较价值量动态变化时，森林游憩的价值量未考虑。

表 6-16　2011—2016 年各市（州）森林生态系统服务功能价值量

市（州）	时期	涵养水源（亿元）	保育土壤（亿元）	固碳释氧（亿元）	林分积累营养（亿元）	净化大气环境（亿元）	生物多样性（亿元）	森林游憩（亿元）	合计（亿元）	增长率（%）
安顺市	2011年	77.14	9.66	33.77	4.85	6.92	42.27	0.07	174.68	77.55
	2016年	102.77	21.33	50.60	6.78	64.04	64.62	0.00	310.14	
毕节市	2011年	179.55	27.42	95.70	12.44	27.10	117.48	4.89	464.58	97.20
	2016年	221.65	58.36	134.47	17.24	256.46	176.19	51.75	916.13	
贵阳市	2011年	70.38	8.61	33.77	3.69	11.38	39.75	3.70	171.28	70.42
	2016年	88.55	16.90	44.86	5.47	84.02	51.98	0.10	291.89	
六盘水	2011年	83.08	11.08	33.94	4.93	10.49	45.14	0.05	188.71	79.82
	2016年	110.29	22.70	54.46	7.58	75.93	67.75	0.63	339.35	
黔东南州	2011年	404.41	52.05	206.33	16.25	69.96	252.01	2.17	1003.18	62.77
	2016年	453.01	93.14	254.74	25.84	504.33	301.39	0.40	1632.84	
黔南州	2011年	271.12	36.52	142.64	16.30	36.73	180.55	0.52	684.38	79.32
	2016年	369.84	75.98	197.23	22.88	320.11	240.32	0.86	1227.22	
黔西南州	2011年	161.29	20.86	71.44	9.15	14.72	95.82	0.00	373.28	67.31
	2016年	206.14	42.81	100.81	13.47	133.83	127.50	0.01	624.54	
铜仁市	2011年	189.00	21.97	87.07	7.87	32.22	107.18	11.84	457.15	81.60
	2016年	232.65	47.68	126.00	14.31	260.30	149.17	0.10	830.20	
遵义市	2011年	302.15	40.35	152.57	15.11	46.84	199.98	1.04	758.04	72.00
	2016年	355.39	80.53	205.43	23.67	387.63	250.85	0.33	1303.83	

1. 安顺市

　　2011—2016 年，安顺市森林生态服务功能价值量动态如图 6-26 所示。由图可知，该地区森林生态系统不同服务功能价值量都呈增加趋势，但增值差异显著。不同服务功能价值量增幅最大的是保育土壤，其服务价值增加了 11.67 亿元，增幅高达 120.8%。净化大气和生物多样性保护功能价值量增幅次之，分别为 93.8% 和 52.9%。增幅最小的是涵养水源功能的价值量，其增幅为 33.2%。

然而，在此期间，该地区森林生态系统服务各功能价值量增值差异十分显著，平均值为 14.15 亿元。其中，服务功能价值量增值最高的是涵养水源功能价值量，增值达到了 25.63 亿元，其次是生物多样性保护和固碳释氧功能价值量，增值分别为 22.35 亿元和 16.83 亿元。增值最小的是积累营养物质功能的价值量，其增加值仅为 1.93 亿元。

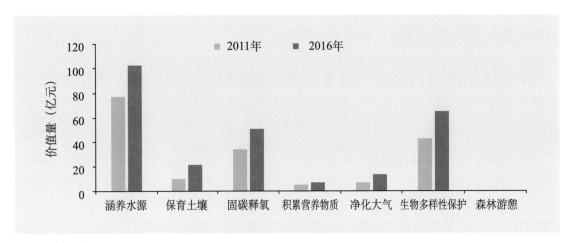

图6-26　2011—2016年安顺市森林生态系统服务功能价值量变化

2. 毕节市

　　2011—2016 年，毕节市森林生态系统服务功能价值量动态如图 6-27 所示。由图可知，该地区森林生态系统不同服务功能价值量都呈增加趋势，但增值差异显著，不同服务功能价值量增幅最大的是保育土壤，其服务价值增加了 30.94 亿元，增幅高达 1112.8%。净化大气和生物多样性保护功能价值量增幅次之，分别为 87.7% 和 50.0%。增幅最小的是涵养水源功能的价值量，其增幅为 23.4%。

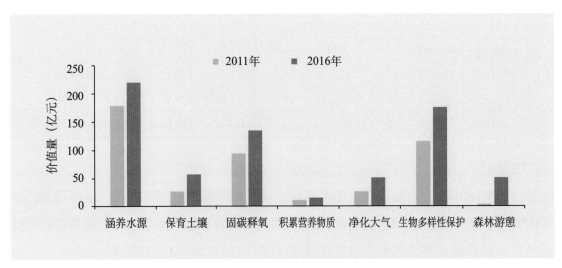

图6-27　2011—2016年毕节市森林生态系统服务功能价值量变化

然而，在此期间，森林生态系统服务功能价值量增值差异也十分显著，价值量增值介于 4.80 亿 ~58.71 亿元之间，各类功能服务价值量的平均值为 33.18 亿元。其中，价值量增值最高的是生物多样性保护功能价值量，增值达到了 58.71 亿元。其次是涵养水源和固碳释氧功能价值量，增值分别为 42.10 亿元和 38.77 亿元。增值最小的是积累营养物质功能的价值量，其增加值为 4.80 亿元。

　　3. 贵阳市

　　2011—2016 年，贵阳市森林生态系统服务功能价值量动态如图 6-28 所示。由图可知，该地区森林生态系统不同服务功能价值量都呈上升趋势，不同服务功能价值量增幅最大的是保育土壤，其服务价值增加了 8.29 亿元，增幅为 96.3%。其次，功能价值量依次增幅较大的是净化大气和积累营养物质，增幅分别为 64.4% 和 48.4%。涵养水源功能的价值量增幅最小，但也达到了 25.8%。

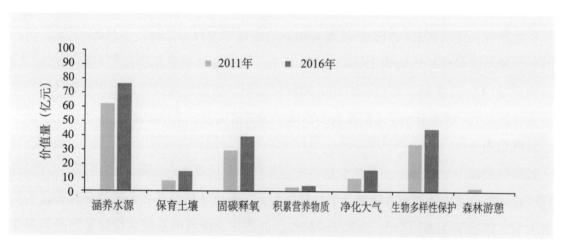

图6-28　2011—2016年贵阳市森林生态系统服务功能价值量变化

　　在此期间，该地区森林生态系统服务功能价值增量介于 1.78 亿 ~18.17 亿元之间，各类服务功能价值量的平均值为 9.82 亿元。其中，价值量增值最高的是涵养水源功能，增值为 18.17 亿元；生物多样性保护和固碳释氧功能价值量增量次之，增值分别为 12.23 亿元和 11.09 亿元。增值最小的是积累营养物质功能的价值量，其增值为 1.78 亿元。

　　4. 六盘水市

　　2011—2016 年，六盘水市森林生态系统服务功能价值量动态如图 6-29 所示。由图可知，该地区森林生态系统不同服务功能价值量都呈上升趋势，不同服务功能价值量增幅最大的是保育土壤，其服务价值增加了 11.62 亿元，增幅为 104.9%。其次，功能价值量依次增幅较大的是净化大气和积累营养物质，增幅分别为 60.8% 和 60.5%。涵养水源功能的价值量增幅最小，但也达到了 32.7%。

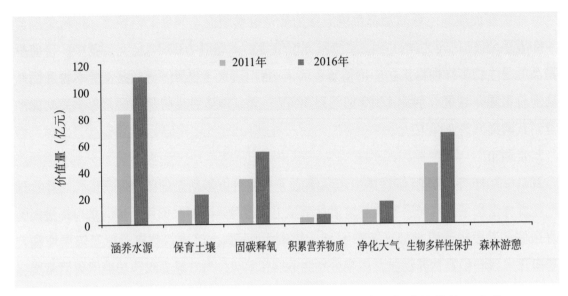

图6-29 2011—2016年六盘水地区森林生态系统服务功能价值量变化

在此期间，该地区森林生态系统服务功能价值量增值介于 2.65 亿 ~27.21 亿元之间，各类服务功能价值量的平均值为 15.17 亿元。其中，价值量增值最高的依然是涵养水源功能，增值为 27.21 亿元；生物多样性保护和固碳释氧功能价值量增量次之，增值分别为 22.61 亿元和 20.52 亿元。增值最小的是积累营养物质功能的价值量，其增加值为 2.65 亿元。

5. 黔东南州

2011—2016 年，黔东南州森林生态系统服务功能价值量动态如图 6-30 所示。由图可知，该地区森林生态系统不同服务功能价值量都呈上升趋势，不同服务功能价值量增幅最大的是保育土壤，增加了 41.09 亿元，增幅为 78.9%。其次，功能价值量依次增幅较大的是净化大气和积累营养物质，增幅分别为 75.8% 和 59.0%。涵养水源功能的价值量增幅最小，价值量增幅仅为 12.0%。

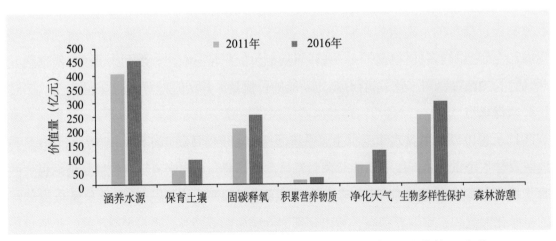

图6-30 2011—2016年黔东南州森林生态系统服务功能价值量变化

在此期间，该地区不同森林生态系统服务功能价值量增值平均达到了 41.69 亿元。其中，价值量增值最高的依然是净化大气功能价值量，增值为 53.05 亿元；生物多样性保护和涵养水源功能价值量增量次之，增值分别为 49.38 亿元和 48.60 亿元。增值最小的是积累营养物质功能的价值量，其价值量增加值为 9.59 亿元。

6. 黔南州

2011—2016 年，黔南州森林生态系统服务功能价值量动态如图 6-31 所示。由图可知，该地区森林生态系统不同服务功能价值量都呈上升趋势，不同服务功能价值量增幅最大的是保育土壤，增加了 39.46 亿元，增幅为 108%。其次，净化大气和积累营养物质功能价值量的增幅次之，分别为 87.5% 和 40.4%。生物多样性保护功能价值量增幅最小，但其增幅也达到了 33.1%。

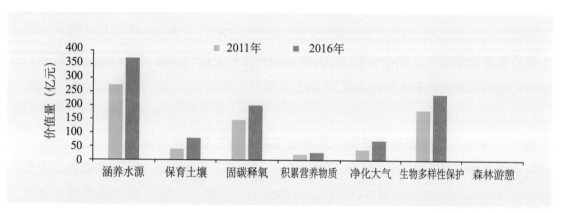

图6-31　2011—2016年黔南州森林生态系统服务功能价值量变化

在此期间，该地区不同森林生态系统服务功能价值量增值平均达到了 48.54 亿元。其中，价值量增值最高的依然是涵养水源功能价值量，增值为 98.72 亿元；生物多样性保护和固碳释氧功能价值量增量次之，增值分别为 59.77 亿元和 54.59 亿元。增值最小的是积累营养物质功能的价值量，其价值量增加值为 6.58 亿元。

7. 黔西南州

2011—2016 年，黔西南州森林生态系统服务功能价值量动态如图 6-32 所示。由图可知，该地区森林生态系统不同服务功能价值量都呈上升趋势。不同服务功能价值量增幅最大的是保育土壤，其服务价值增加了 21.95 亿元，增幅为 105.2%。其次，净化大气和积累营养物质功能价值量的增幅次之，分别为 98.5% 和 47.2%。涵养水源功能价值量增幅最小，其价值量增加了 27.8%。

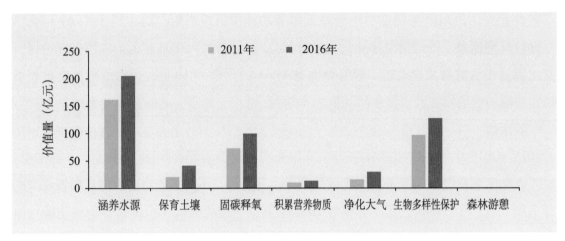

图6-32　2011—2016年黔西南州森林生态系统服务功能价值量变化

在此期间，该地区不同森林生态系统服务功能价值量增值平均为 24.44 亿元。其中，价值量增值最高的依然是涵养水源功能价值量，增值为 44.85 亿元；生物多样性保护和固碳释氧功能价值量增量次之，增值分别为 31.68 亿元和 29.37 亿元。增值最小的是积累营养物质功能的价值量，其价值量增加值为 4.32 亿元。

8. 铜仁市

2011—2016 年，铜仁市森林生态系统服务功能价值量动态如图 6-33 所示。由图可知，该地区森林生态系统不同服务功能价值量都呈上升趋势。不同服务功能价值量增幅最大的是保育土壤，其服务价值增加了 25.71 亿元，增幅为 117.0%。其次，净化大气和积累营养物质功能价值量的增幅次之，分别为 90.7% 和 81.8%。涵养水源功能价值量增幅最小，其价值量增加了 23.1%。

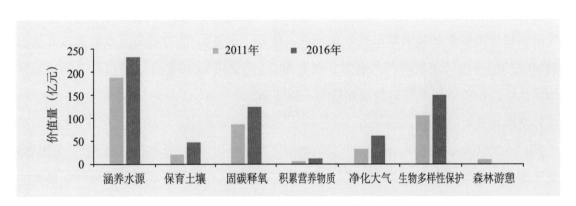

图6-33　2011—2016年铜仁市森林生态系统服务功能价值量变化

在此期间，该地区不同森林生态系统服务功能价值量增值平均为 30.99 亿元。其中，价值量增值最高的依然是涵养水源功能价值量，增值为 43.65 亿元；生物多样性保护和固碳释氧功能价值量增量次之，增值分别为 41.99 亿元和 38.93 亿元。增值最小的是积累营养物质功能的价值量，其价值量增加值为 6.44 亿元。

9. 遵义市

2011—2016 年，遵义市森林生态系统服务功能价值量动态如图 6-34 所示。由图可知，该地区森林生态系统不同服务功能价值量都呈上升趋势。不同服务功能价值量增幅最大的是保育土壤，增加了 40.18 亿元，增幅为 99.6%。其次，净化大气和积累营养物质功能价值量的增幅次之，分别为 73.0% 和 56.7%。涵养水源功能价值量增幅最小，其价值量只增加了 17.6%。

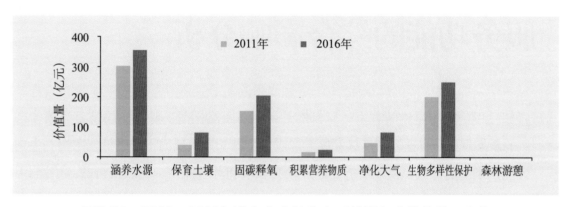

图6-34　2011—2016年遵义市森林生态系统服务功能价值量变化

在此期间，该地区不同森林生态系统各服务功能价值量增值平均值为 39.98 亿元。其中，价值量增值最高的是涵养水源功能价值量，增值为 53.24 亿元；固碳释氧和生物多样性保护功能价值量增量次之，增值分别为 52.86 亿元和 50.87 亿元。增值最小的是积累营养物质功能的价值量，其价值量增加值为 8.56 亿元。

第七章

贵州省森林生态系统
服务功能的综合影响分析

可持续发展的思想是伴随着人类与自然关系的不断演化而最终形成的符合当前与未来人类利益的新发展观。目前，可持续发展已经成为全球长期发展的指导方针。它由三大支柱组成，旨在以平衡的方式，实现经济发展、社会发展和环境保护。我国发布的《中国21世纪初可持续发展行动纲要》提出的目标为可持续发展能力不断增强、经济结构调整取得显著成效、人口总量得到有效控制、生态环境明显改善、资源利用率显著提高，促进人与自然的和谐，推动整个社会走上生产发展、生活富裕和生态良好的文明发展道路。但是，近年来随着人口增加和经济发展，对资源总量的需求更多，环境保护的难度更大，严重威胁着我国社会经济的可持续发展。本章将从森林生态系统服务的角度出发，分析贵州社会、经济和生态环境的可持续发展所面临的问题，进而为管理者提供决策依据。

第一节 基于生态足迹模型的综合分析

人们在生态系统承载力范围内高质量地生活，同时为其他生物留有健康的生存空间。而在人类经济系统迅速发展的今天，随之产生的问题也越来越突出。因此，当人类反思其发展方式时，不得不考虑整个自然环境和地球的容纳能力和人类的未来。自1992年的联合国环境与发展大会之后，可持续发展成为了人们研究的热点和前沿，诸多评估指标体系纷纷出现。1996年，由William Rees和Mathis Wackernagel构建了一套所谓的"生态足迹"的计算方法，对综合承载力的计算难题作出了相当大的贡献。对于生态足迹的描述，WilliamRees是这样叙述的：一只负载着人类与人类所创造的城市、工厂……的巨脚踏在地球上的脚印（图7-1）。自从生态足迹诞生之后，世界上已有近20个国家利用这一方法计算承载力的问题，世界自然基金会（World Wild Fund for Nature，WWF）和发展重定义（Redefing Progress, RP）世界两大非政府机构自2000年起，每两年公布一次世界各国的生态足迹资料。

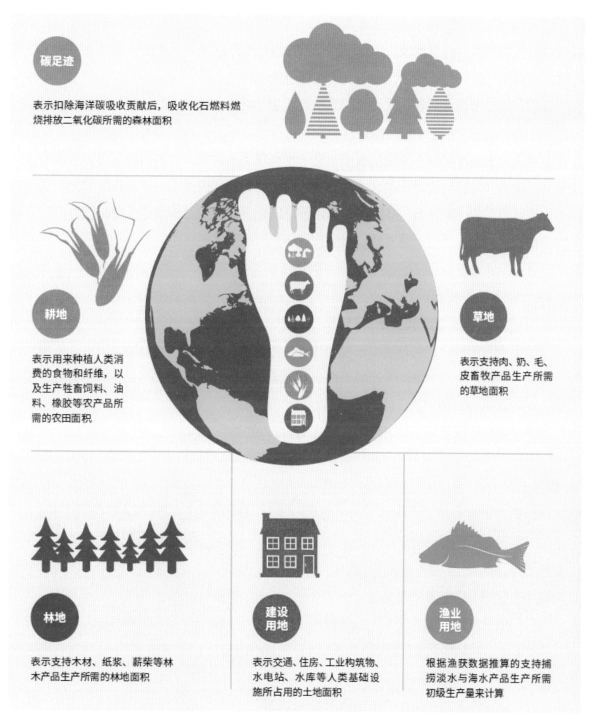

图7-1　生态足迹示意（引自《中国生态足迹与可持续消费研究报告》）

　　生态足迹（Ecological Footprint, EF）或称生态空间占用，是一种衡量人类对自然资源利用程度以及自然界为人类社会提供的生命支持服务的方法，是计量人类对生态系统需求的指标，计量的内容包括人类拥有的自然资源、耗用的自然资源，以及资源分布情况。它显示在现有技术条件下，制定的人口单位内（一个人、一个城市、一个国家或全人类）需要多少具备生物生产力的土地和水域，来生产所需资源和吸纳衍生的废弃物。该方法通过计算维持

人类的自然资源消费量和人类产生的废弃物所需要的生态生产性空间面积大小，并与给定人口区域的生态承载力进行比较，来衡量区域的可持续发展状况。人类的生态足迹涉及生物生产地、生物生产海域、能源地、可建筑用地和生物多样性土地。

生态足迹的单位是"全球性公顷"即"gha"（global hectare），并非通常的土地面积公顷。相当于 1 公顷具有全球平均产量的生产力空间。所以，利用生态足迹可以判断资源分配的公正性。然后，引入产量因子和均衡因子，进一步实现了不同国家、不同地区各类生物生产型土地的可比性，从而，为评价某区域所处的可持续发展程度提供了一种有效的量化工具，并广泛应用于不同的领域。另一方面，生态足迹可以检视供给的可持续性。如果其地的可使用生物性面积小于生态足迹，其差值即为生态赤字。

一、生态足迹模型

（一）生态足迹模型计算方法

根据生态足迹理论，地球表面的生态生产性土地可分为 6 类：化石能源用地、耕地、林地、草地、建筑用地和水域。生态生产性土地是生态足迹法为各类自然资本提供的统一度量基础（Wackernagel，1997）。

生态足迹的计算公式：

$$EF = N \cdot ef = N \cdot \sum_{j=1}^{6} (r_j \cdot aa_j) = N \cdot \sum_{j=1}^{6} \left[r_j \cdot \sum_{i=1}^{n} (a_i) \right] = N \cdot \sum_{j=1}^{6} \left[r_j \cdot \sum_{i=1}^{n} \left(\frac{C_i}{P_i} \right) \right] \tag{7-1}$$

式中：EF——区域总生态足迹；

N——人口数；

ef——人均生态足迹；

r_j——均衡因子；

aa_j——各类生物生产土地面积（j=1，2，…，6）；

a_i——人均 i 种消费项目折算的生态生产性面积；

i——消费项目类型；

P_i——i 种消费品的平均生产能力；

C_i——i 种消费品的人均年消费量；

n——消费品的数量。

（二）生态承载力计算方法

生态承载力反映的是在不损害区域生产力的前提下，一个区域有限的资源能供养的最大人口数。由于不同国家或地区的资源禀赋不同，为了使地区之间的生态足迹具有可比性，引入产量因子进行处理（杨开忠等，2000）。在计算区域的可利用生态承载力时，按照世界环境与发展委员会建议，扣除 12% 的生物生产面积用于保护生物的多样性（郑怀军，2013）。

生态承载力的计算公式：

$$EC = N \cdot ec = N \cdot \sum_{j=1}^{6} (a_j \cdot r_j \cdot Y_j) = N \cdot \sum_{j=1}^{6} (a_j \cdot r_j \cdot \frac{Y_{li}}{Y_{nj}}) \tag{7-2}$$

式中：EC——区域总生态承载力；

N——区域总人口数；

ec——人均生态承载力；

a_j——实际人均占有的 j 类生物生产土地面积；

r_j——均衡因子；

Y_j——产量因子；

Y_{lj}——区域 j 类土地的平均生产力；

Y_{nj}——j 类土地的世界平均生产力。

二、基于生态系统服务的生态足迹模型

生态足迹已经被人们广泛应用，且取得了非常显著的成效。但最初困扰生态足迹的一些难题至今仍未得到有效的解决，例如核算内容的不完整，这导致其无法全面衡量人类活动对生态系统造成的各种影响。基于此，李文华院士团队构建了一种基于生态系统服务的生态足迹模型（焦雯珺等，2014）。这项研究认为生态足迹试图利用生物生产性土地面积度量人类利用生态系统服务活动对地球产生的各种影响，但是事实上其并没有将生态系统服务真正纳入进来，只是涵盖了其中一小部分。

（一）生态足迹计算方法

基于生态系统服务的生态足迹（Ecosystem-Service-based Ecological Footprint，ESEF），即将足迹构建于生态系统提供多种生态系统服务的能力之上。这种模型是以生态系统提供多种生态系统服务的能力为基础，衡量人类社会经济系统利用生态系统服务的水平以及对生态系统产生的影响。其通用生态足迹模型公式（焦雯珺，2014）：

$$\text{ESEF} = \frac{E}{\text{GS}} \cdot \text{EQF} = \frac{E}{\text{GS}} \cdot \text{SF} \cdot \text{EQF} \tag{7-3}$$

式中：ESEF——基于该种生态系统服务的生态足迹；

E——该种生态系统服务的消费量；

GS——该种生态系统服务的世界平均供给能力；

EQF——该种生态系统服务的均衡因子；

NS——该种生态系统服务的国家平均供给能力；

SF——该种生态系统服务的供给因子。

由于我国经纬度跨度较大，并且地形多变，使得其具有世界上较为丰富的森林生态系统类型。所以，世界平均供给能力则采用我国的森林生态系统的平均供给能力。另外，本研究中依据贵州省实际情况所采用的为森林生态系统的调节水量、保育土壤、吸收污染气体和滞尘能力，因为这些均能找到相应的消费指标。

（二）生态承载力计算方法

生态系统服务的生态承载力（Ecosystem-Service-based Ecological Capacity，ESEC）是指区域能够给人类提供生态系统服务的生态系统面积总和。就某一生态系统类型、某一生态系统服务类型而言，其通用生态承载力模型公式（焦雯珺，2014）：

$$ESEC = A \cdot SF \cdot EQF \tag{7-4}$$

式中：ESEC——基于该种生态系统服务的生态承载力；

　　　A——提供该种生态系统服务的该种生态系统类型的面积。

三、基于生态系统服务的生态足迹模型的计算结果分析

贵州省森林生态系统调节水量的人均生态足迹在 0.00005~0.00077 公顷之间（表 7-1），生态足迹较大的均集中在贵州省经济活动较活跃的地市，如贵阳市、遵义市，同时这些地区也是贵州省工业较发达的区域，其耗费的水资源高于其他地区。毕节市、黔东南州等调节水量的人均生态足迹较低，主要原因是这些地区以农业为主，耗费水资源较少。对于森林生态系统保育土壤的人均生态足迹介于 0.00018~0.00068 公顷之间，较高的为毕节市和遵义市，其氮肥、磷肥、钾肥及有机质消耗的能源量较高。此外，保育土壤生态足迹较低的为贵阳市，该地区人类农业活动较弱，氮肥、磷肥、钾肥及有机质的消耗量低于其他地区。森林生态系统吸收污染气体的人均生态足迹在 0.0013~0.0020 公顷之间，最高的为遵义市，最低的为黔东南州与铜仁市；森林生态系统滞尘的人均生态足迹在 0.0005~0.0009 之间，最高的为遵义市，最低的为安顺市；出现这种分布格局，均与人类经济活动有关。

表 7-1　基于贵州省森林生态系统服务的人均生态足迹

市（州）	调节水量（公顷）	保育土壤（公顷）	吸收污染气体（公顷）	滞尘（公顷）
安顺市	0.00008	0.00021	0.0018	0.0005
毕节市	0.00005	0.00068	0.0019	0.0006
贵阳市	0.00077	0.00018	0.0019	0.0008

（续）

市（州）	调节水量（公顷）	保育土壤（公顷）	吸收污染气体（公顷）	滞尘（公顷）
六盘水市	0.00008	0.00021	0.0019	0.0009
黔东南州	0.00006	0.00024	0.0013	0.0006
黔南州	0.00005	0.00036	0.0016	0.0007
黔西南州	0.00007	0.00024	0.0015	0.0006
铜仁市	0.00006	0.00035	0.0013	0.0006
遵义市	0.00017	0.00067	0.0020	0.0009

基于贵州省森林生态系统服务生态足迹除了与人类经济活动有关外，还与人口数量和森林资源数量和质量有必然的联系。通过查询《贵州省统计年鉴2017》可以看出，贵州省人口数量与该区的经济活动强弱有直接的关系，人口数量越大，经济活动就越强，带给森林生态系统服务的生态足迹面积就越大，例如贵州省的遵义市、毕节市和贵阳市人口数量均在400万以上，而黔西南州、安顺市、六盘水市的地市人口都在300万以下，则遵义市、毕节市和贵阳市的生态足迹高于其他市（州）。通过以上的分析可以看出，基于森林生态系统服务的各地市生态足迹大小分布格局与其森林生态系统服务的强弱恰恰相反，也就是森林数量和质量较高的市州，其森林生态系统能够提供更多的水资源和吸收更多的因人类活动而排放的气体污染物，发挥较强的森林生态系统服务，为人类带来生态福祉。

由表7-1可以看出，基于贵州省森林生态系统服务的生态足迹中，每个市州均存在吸收污染气体＞滞尘＞保育土壤＞调节水量。这样的格局表明，贵州省工业污染形势较为严峻，环境问题突出。有研究指出，贵州省2001—2014年贵州省能源消费强度不断增长，主要原因是贵州省能源主要用于发电和供热，且工业能源消费比重大，贵州省经济发展速度慢，发展方式粗放，贵州省"十二五"时期主要解决这两大问题，因此经济发展速度不断加快，发展方式不断转型，2011—2014年经济增长率分别为15%、13.6%、12.5%、10.8%。能源消费总量总体呈上升趋势，2011年能源消费总量为8967.81万吨标准煤，2013年增加到9725.94万吨标准煤，2014年微弱下降到9661.32万吨标准煤，可见经济与环境之间存在非协调发展问题，工业废水、废气污染呈上升趋势，应加大力度控制污染排放（贺席燕等，2017）。此外，贵州省作为全国唯一没有平原支撑的内陆山区省，其土壤流失叠加了化学溶蚀、重力侵蚀和流水侵蚀的耦合作用，呈现了地面流失和地下漏失的混合侵蚀现象。在此脆弱的环境条件下，加上人类不合理的土地利用，长期以来生态环境保护和社会经济发展矛盾突出。因此，贵州省亟需经济发展模式转型和产业结构调整，减少碳排放和污染气体排放量，有利于维护区域生态环境安全，保障社会、经济和生态环境的可持续发展。

对于贵州省森林生态系统调节水量的生态承载力介于0.0002~0.0060之间（表7-2），各市州之间的分布格局呈现为东南部＞北部＞西部，这与森林生态系统涵养水源功能的分布格局基本一致。基于森林生态系统保育土壤、吸收污染气体和滞尘的生态承载力在各市州间的分布格局与调节水量生态承载力相似，均与各项森林生态系统服务在各市州间的分布格局有关。基于森林生态系统服务的生态承载力计算公式可以看出，生态承载力完全由森林面积和森林生态系统服务的大小决定。通过之前的章节可以看出，贵州省东南部区域的森林面积占全省总量的 65.19%，森林生态系统调节水量、保育土壤量、吸收污染气体量和滞尘量分别占 65.92%、65.19%、64.19% 和 69.66%，因此，贵州省东南部的生态承载力明显高于中部和西北部地区。说明随着贵州经济在全国经济放缓的新常态下继续保持高的增长态势，其背后是大量的能源资源消耗，但由于近年来大规模实施退耕还林、封山育林、扶贫开发天然林资源保护、生态移民等措施，其生态重建初见成效，石漠化治理也进入了从前期有效遏制转到深入推进的转型阶段（胡剑波等，2016），森林生态系统的生态承载力也较高。

表 7-2　基于贵州省森林生态系统服务的人均生态承载力

市（州）	调节水量（公顷）	保育土壤（公顷）	吸收污染气体（公顷）	滞尘（公顷）
安顺市	0.0005	0.0003	0.0003	0.0002
毕节市	0.0009	0.0009	0.0009	0.0008
贵阳市	0.0002	0.0001	0.0001	0.0001
六盘水市	0.0004	0.0003	0.0003	0.0002
黔东南州	0.0060	0.0050	0.0054	0.0059
黔南州	0.0042	0.0032	0.0032	0.0028
黔西南州	0.0015	0.0011	0.0011	0.0007
铜仁市	0.0018	0.0013	0.0017	0.0017
遵义市	0.0023	0.0019	0.0023	0.0018

一个地区的生态承载力可能存在大于、小于或等于生态足迹 3 种情况，分别称为生态盈余、生态赤字和生态平衡。生态赤字和生态盈余是指生态承载力与生态足迹的差值。其中。生态盈余是指研究对象的生态承载力大于生态足迹，即研究对象对资源的索取没超出其生态供给能力；生态赤字则是指生态承载力小于生态足迹，生态赤字越大说明研究对象经济发展所造成的环境超载问题越严重。

基于贵州省森林生态系统服务的生态盈余 / 赤字情况见表 7-3，在调节水量与保育土壤方面，除贵阳市外，其他市州均表现为盈余，其中黔东南州与黔南州生态盈余均较大，说明该地区森林生态系统的调节水量与保育土壤功能较强；吸收污染气体方面，黔东南州、黔南州、铜仁市和遵义市表现为盈余，其他各市州表现为生态赤字；滞尘方面，毕节市、黔东南州、黔南州、黔西南州、铜仁市表现为生态盈余，贵阳市、六盘水市与安顺市表现为生态赤字，说明贵州省大部分市州的森林生态系统对于滞纳空气颗粒物起到了非常重要的有利作用，很大程度上发挥了森林生态系统的服务功能。

表7-3　基于贵州省森林生态系统服务的生态盈余/赤字

市（州）	调节水量（公顷）	保育土壤（公顷）	吸收污染气体（公顷）	滞尘（公顷）
安顺市	0.0004	0.0001	−0.0014	−0.0003
毕节市	0.0009	0.0002	−0.0009	0.0002
贵阳市	−0.0006	−0.0001	−0.0018	−0.0007
六盘水市	0.0004	0.0001	−0.0016	−0.0006
黔东南州	0.0060	0.0047	0.0041	0.0053
黔南州	0.0042	0.0028	0.0016	0.0021
黔西南州	0.0014	0.0009	−0.0004	0.0002
铜仁市	0.0017	0.0010	0.0004	0.0011
遵义市	0.0021	0.0012	0.0003	0.0009

综上分析可知，贵州省目前经济增长模式较为粗放，导致生态环境压力较大。自然生态系统的净化能力有一个阀值，一旦超过临界值，自然生态系统的稳定性将不能恢复。同时从以上分析中可以看出，贵州省经济的高速发展给生态环境造成的压力越来越大，其环境超载问题不断加重。如不加以控制，将会对贵州省社会经济可持续发展产生一定的影响。若想转变贵州省目前的严峻形势，首先，必须要坚定不移地执行林业生态建设，通过天然林资源保护、退耕还林还草等林业生态工程的实施，扩大森林面积；其次，借助于天然林禁伐政策的实施，通过森林经营管理措施，提高森林质量，增强其生态系统服务。

在大力推进生态文明建设的时代背景下，贵州省应该采取多方面的应对措施，包括转变经济发展模式和加大林业生态建设，提高生态承载力，努力实现社会、经济和生态环境的可持续发展，切实的承担起实现美丽中国的伟大历史使命。

第二节　贵州省生态效益科学量化补偿研究

一、贵州省森林生态效益多功能量化补偿研究

> 森林生态效益科学量化补偿是基于人类发展指数的多功能定量化补偿，结合了森林生态系统服务和人类福祉的其他相关关系并符合省级财政支付能力的一种对森林生态系统服务提供者给予的奖励。

通过分析人类发展指数的维度指标，将其与人类福祉要素有机地结合起来，而这些要素又与生态系统服务密切相关。其中，人类福祉要素包括年教育类支出、年医疗保健类支出和年文教娱乐类支出。

人类发展指数是对人类发展情况的总体衡量尺度。主要从人类发展的健康长寿、知识的获取以及生活水平 3 个基本维度衡量一个国家取得的平均成就。

利用人类发展指数等转换公式，并根据贵州省统计年鉴数据，计算得出贵州省森林生态效益多功能定量化补偿系数、财政相对补偿能力指数、补偿总量及补偿额度，如表 7-4 所示。

表 7-4　贵州省森林生态效益多功能定量化补偿情况

补偿系数（%）	补偿总量（亿元/年）	补偿额度		政策补偿[元/（亩·年）]
		[元/（公顷·年）]	[元/（亩·年）]	
0.33	24.7	246.87	16.46	10.00

由表 7-4 可以看出，贵州省对森林生态效益的补偿为每亩 10.00 元 / 年，属于一种政策性的补偿；而根据人类发展指数等计算的补偿额度为 16.46[元 /（亩· 年)]，高于政策性补偿。利用这种方法计算的生态效益定量化补偿系数是一个动态的补偿系数，不但与人类福祉的各要素相关，而且进一步考虑了省级财政的相对支付能力。以上数据说明，随着人们生活水平的不断提高，人们不再满足于高质量的物质生活，对于舒适环境的追求已成为一种趋势，而森林生态系统对舒适环境的贡献已形成共识，所以如果政府每年投入约 2% 的财政收入来进行森林生态效益补偿，那么相应地将会极大提高人类的幸福指数，这将有利于贵州省的森林资源经营与管理。

根据贵州省的森林生态效益多功能定量化补偿额度和各市州森林生态效益计算出各市州森林生态效益多功能定量化补偿额度（表 7-5、图 7-2）。贵州省的森林生态效益分配系数介于 4.15%~21.84% 之间，最高的为黔东南州，其次为遵义市，最低的为贵阳市。补偿总量的变化趋势与补偿系数的变化趋势一致，均与各市（州）提供的森林生态效益价值量成正比。但是，这与贵州省经济发展水平不一致。根据 2017 年贵州省统计年鉴可知，各市（州）的财政收入由多到少的顺序为贵阳市、遵义市、六盘水市、黔西南州、毕节市、黔东南州、黔南州、安顺市、铜仁市。而其所占生态效益补偿的份额排序与此不同。由此可以看出，贵州省各市（州）财政收入与森林生态效益补偿总量的关系：财政收入与获得的森林生态效益补偿总量不对等。

由表 7-5 还可以得出：补偿额度最高的 3 个市（州）为黔东南、铜仁、贵阳，分别为 260.42 元 /（公顷·年）、259.84 元 /（公顷·年）和 257.44 元 /（公顷·年）；最低的 3 个市州为黔西南、六盘水、安顺，分别为 228.28 元 /（公顷·年）、225.07 元 /（公顷·年）和 223.82 元 /（公顷·年）。

表 7-5 贵州省森林生态效益多功能定量化补偿情况

市（州）	生态效益（亿元/年）	分配系数（%）	补偿总量（亿元/年）	补偿额度	
				[元/（公顷·年）]	[元/（亩·年）]
安顺市	310.14	4.15	1.02	225.07	15.00
毕节市	916.13	12.25	3.03	242.42	16.16
贵阳市	291.89	3.90	0.96	257.44	17.16
六盘水市	339.35	4.54	1.12	223.82	14.92
黔东南州	1632.84	21.84	5.39	260.42	17.36
黔南州	1227.22	16.42	4.05	246.41	16.43
黔西南州	624.54	8.35	2.06	228.28	15.22
铜仁市	830.20	11.10	2.74	259.84	17.32
遵义市	1303.84	17.44	4.31	246.69	16.45

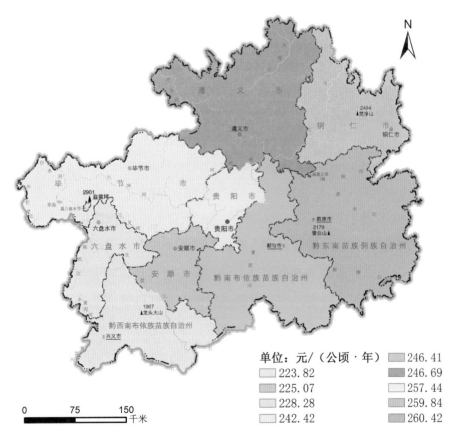

图 7-2 贵州省各市（州）生态效益多功能定量化补偿

根据贵州省森林资源调查数据，将全省森林划分为 16 个优势树种（组）。依据森林生态效益多功能定量化补偿系数，得出不同的优势树种（组）所获得的分配系数、补偿总量

及补偿额度。贵州省各优势树种（组）分配系数、补偿总量及补偿系数如表 7-6、图 7-3
所示：各优势树种（组）生态效益分配系数介于 0.56%~20.49% 之间，最高的为喀斯特灌
木林，其次为马尾松林，最低的为毛竹林，与各优势树种（组）的生态效益呈正相关性。
补偿总量的变化趋势与补偿系数的变化趋势一致，均与各优势树种（组）的森林生态效益
价值量成正比。

表 7-6　贵州省各优势树种（组）生态效益多功能定量化补偿情况

优势树种（组）	生态效益 （亿元/年）	分配系数 （%）	补偿总量 （亿元/年）	补偿额度	
				[元/（公顷·年）]	[元/（亩·年）]
马尾松林	1237.98	16.66	4.12	306.66	20.44
云南松林	111.35	1.50	0.37	267.64	17.84
杉木林	1040.47	14.00	3.46	270.34	18.02
华山松林	104.37	1.40	0.35	293.78	19.59
柳杉林	93.74	1.26	0.31	285.36	19.02
柏木林	238.56	3.21	0.79	288.69	19.25
硬阔类	347.12	4.67	1.15	255.34	17.02
软阔类	554.33	7.46	1.84	258.01	17.20
针叶混交林	68.07	0.92	0.23	264.96	17.66
阔叶混交林	908.36	12.23	3.02	237.13	15.81
针阔混交林	788.83	10.62	2.62	297.34	19.82
经济林	155.67	2.10	0.52	143.94	9.60
毛竹林	41.27	0.56	0.14	212.70	14.18
杂竹林	63.84	0.86	0.21	240.07	16.00
喀斯特灌木林	1522.17	20.49	5.06	198.04	13.20
一般灌木林	154.16	2.07	0.51	190.15	12.68

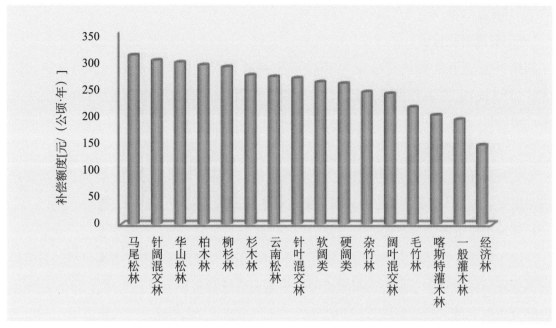

图7-3　贵州省各优势树种（组）生态效益多功能定量化补偿

第三节　贵州省生态 GDP 核算

习近平总书记提出："把资源消耗、环境损害、生态效益纳入经济社会发展评价体系，建立体现生态文明要求的目标体系、考核办法、奖惩机制。"为推进生态文明建设，建设美丽中国指明了路径。树立"绿水青山就是金山银山"的理念，指出保护自然就是增值自然价值和自然资本的过程，就是保护和发展生产力。生态 GDP 对于正确认识和处理经济社会发展与生态环境保护之间的关系至关重要，将生态效益纳入国民经济核算体系，可以引导人们自觉改变"先污染、后治理"的观念，树立"良好的生态环境就是宝贵财富，保护环境就是保护生产力"的理念，从源头上解决环境问题。

一、核算方法

经环境调整后生态 GDP 核算：以环境价值量核算结果为基础，扣除环境成本（包括资源消耗成本和环境退化成本），再加上生态服务功能价值，对传统国民经济核算总量指标进行调整，形成经环境因素调整后的生态 GDP 核算。首先，构建环境经济核算账户，包括实物量账户和价值量账户，账户分别由3部分组成：资源耗减、环境污染损失、生态服务功能。然后，利用市场法、收益现值法、净价格法、成本费用法、维持费用法、医疗费用法、人力资本法等方法对资源耗减和环境污染损失价值量进行核算。

二、核算结果

(一)资源消耗价值

2016 年贵州省能源消费总量为 10226.9 万吨标准煤,原煤、电力和天然气的比例为 39.8%、37.2%、1.7%。根据相关文献计算,贵州省 2016 年资源消耗价值为 430.34 亿元(潘勇军,2013)。

(二)环境损害核算

本文对环境污染损害价值从四个方面进行核算:①环境污染造成的生态损失;②资产加速折旧损失;③人体健康损失;④环境污染虚拟治理成本。

1. 环境污染造成的生态损失

环境污染对生态环境造成的损失核算:将环境污染所造成的各类灾害所引起的直接经济损失作为环境污染对生态环境的损失价值,根据相关统计资料,得到贵州省 2016 年环境损失价值为 0.84 亿元。

2. 资产加速折旧损失

由于环境污染对各类机器、仪器、厂房及其他公共建筑和设施等固定资产造成损失,各类污染物会对固定资产产生腐蚀等不利作用,加速固定资产折旧,使用寿命缩短、维修费用开支增加等,利用市场价值法来对污染造成的固定资产损失进行核算。以及文献(潘勇军,2013)中的公式得出,2016 年资产加速折旧损失为 33.97 亿元。

3. 人体健康损失

环境污染对人体健康造成的损失是一个极其复杂的问题。环境污染对人体健康的影响主要表现为呼吸系统疾病、恶性肿瘤、地方性氟和砷(污染)中毒造成的疾病,参照文献及相关统计资料中的相关数据(潘勇军,2013),仅考虑环境污染造成的医疗费用增加和直接劳动力损失进行人体健康损失费用核算,最终得出环境污染致人体健康损失费用为 287.15 亿元。

4. 环境污染虚拟治理成本

经济活动对环境质量的损害主要是由于经济活动中各项废弃物的排放没有全部达到排放标准,应该经过治理而没有治理,对环境造成污染,使环境质量下降所带来的环境资产价值损失。通过《中国统计年鉴 2015》统计出的污染物数据,以及结合文献(潘勇军,2013)中提及的处理成本,计算得出 2016 年贵州省环境污染虚拟治理成本为 183.50 亿元。

(三)贵州省生态 GDP 核算结果

2016 年贵州省 GDP 总量为 11776.73 亿元,根据生态 GDP 的核算方法:

绿色 GDP=GDP－资源消耗价值－环境污染损害成本(环境污染造成的生态损失＋环境污染虚拟治理成本)

生态 GDP=GDP 总量－资源消耗价值－环境退化价值（环境污染造成的生态损失＋资产加速折旧损失＋人体健康损失＋环境污染虚拟治理成本）＋生态效益（森林生态效益、湿地生态效益）

最终计算得出，贵州省 2016 年生态 GDP 达 19491.36 亿元，相当于当年 GDP 的 1.66 倍。

（四）各市州生态 GDP 核算结果

表 7-7 列出了贵州省各市州的生态 GDP 核算账户，从中可以看出各市州的传统 GDP 与资源消耗价值和环境损害价值存在一定的相关性。其中，贵阳市和遵义市的资源消耗价值和环境损害价值总和占传统 GDP 的比重较高，主要是因为省会贵阳市作为贵州省的政治、经济、文化中心和黔中经济区的核心区域，是带动全省经济社会发展的"火车头"，拥有基础设施、资金、人才、产业、政策等诸多方面的优势，地区自我发展能力强且遥遥领先于省内的其他地区；遵义市是省内第二大城市，生活生产基本条件较好，具有区位、资源和工业等方面的优势。可以说以上两市均为贵州经济较为发达的地区，资源消耗量较高。如 7-7 所示，经计算得出的各市州间的绿色 GDP 排序与传统 GDP 相同，并且均有不同程度的降低，降低比例最高的仍为贵阳市和遵义市，均在 4.75% 以上。各地市间的生态 GDP 排序与传统 GDP 存在差异性，其原因为贵州省各市州间的森林资源分布不同造成的。其中，生态 GDP 排序上升的有黔东南州、铜仁市、遵义市，上升幅度分别为 3 位、2 位、1 位。与表 4-2 对比可以看出，生态 GDP 排序上升的地市，其森林生态服务价值均排在贵州省的前列，且黔东南州地区位于第一位。这充分表明生态系统提供的生态效益巨大，其无形的存在价值支持着经济发展，生态产品提供的生态效益在国民经济发展中起着功不可没的作用，大大消减了由于资源和环境损害造成对 GDP 增长率的减少量。

表7-7　贵州省各优势树种（组）生态效益多功能定量化补偿情况

项目	市（州）	贵阳市	六盘水市	遵义市	安顺市	毕节市	铜仁市	黔西南州	黔东南州	黔南州
传统GDP	量值	3157.70	1313.70	2403.94	701.35	1625.79	856.97	929.14	939.05	1023.39
	排序	1	4	2	9	3	8	7	6	5
资源消耗		104.92	43.65	79.88	23.30	54.02	28.48	30.87	31.20	34.01
环境损害	污染造成的生态损失	0.21	0.09	0.16	0.05	0.11	0.06	0.06	0.06	0.07
	资产加速折旧	8.28	3.45	6.31	1.84	4.26	2.25	2.44	2.46	2.68
	人体健康损失	70.01	29.13	53.30	15.55	36.05	19.00	20.60	20.82	22.69
	环境污染虚拟治理成本	44.74	18.61	34.06	9.94	23.04	12.14	13.16	13.31	14.50
绿色GDP	量值	3007.83	1251.35	2289.84	668.06	1548.62	816.29	885.05	894.48	974.81
	排序	1	4	2	9	3	8	7	6	5
森林生态效益		291.89	339.35	1303.84	310.14	916.13	830.20	624.54	1632.84	1227.22
生态DGP	量值	3221.43	1558.12	3534.07	960.81	2424.44	1625.24	1486.55	2504.04	2176.66
	排序	2	7	1	9	4	6	8	3	5

参考文献

白晓永，白晓永，白晓永，等，2009. 贵州土地石漠化类型时空演变过程及其评价 [J]. 地理学报，64（05）：609-618.

陈丹，2016. 贵州省生态功能区划修编研究 [D]. 贵州：贵州师范大学.

陈怀亮，2008. 国内外生态气象现状及其发展趋势 [J]. 气象与环境科学，（01）：75-79.

丁访军，2011. 森林生态系统定位研究标准体系构建 [D]. 北京：中国林业科学研究院，

董秀凯，王兵，耿绍波，2014. 吉林省露水河林业局森林生态连清与价值评估报告 [M]. 长春：吉林大学出版社

杜芳娟，熊康宁，先青平，2008. 赤水习水丹霞景观美学价值与对比分析 [J]. 贵州师范大学学报（自然科学版），（01）：26-29.

范爱武，刘伟，刘炳成，2004. 土温对植物生长的影响及其机理分析 [J]. 工程热物理学报，（01）：124-126.

方精云，沈泽昊，崔海亭，2004. 试论山地的生态特征及山地生态学的研究内容 [J]. 生物多样性，（01）：10-19.

傅伯杰，陈利顶，刘国华，1999. 中国生态区划的目的、任务及特点 [J]. 生态学报，（05）：3-7.

傅伯杰，刘世梁，2002. 长期生态研究中的若干重要问题及趋势 [J]. 应用生态学报，（04）：476-480.

傅伯杰，牛栋，赵士洞，2005. 全球变化与陆地生态系统研究：回顾与展望 [J]. 地球科学进展，（05）：556-560.

高翔伟，戴咏梅，韩玉洁，2016. 上海市森林生态连清体系监测布局与网络建设研究 [M]. 北京：中国林业出版社，169.

贵州省环境保护厅，2016. 贵州省环境状况公报 [R]. 贵阳：贵州省环境保护厅.

贵州省水利厅，2016. 贵州省水资源公报（2016）[R]. 贵阳：贵州省水利厅.

贵州省统计局，2017. 贵州省统计年鉴（2017）[M]. 北京：中国统计出版社.

郭慧，2014. 森林生态系统长期定位观测台站布局体系研究 [D]. 北京：中国林业科学研究院.

郭慧，王兵，牛香，2015. 基于 GIS 的湖北省森林生态系统定位观测研究网络规划 [J]. 生态学报，35（20）：6829-6837.

国家发展与改革委员会能源研究所，1999. 能源基础数据汇编（1999）[Z]. 16.

国家林业局，2008. 森林生态系统服务功能评估规范（LY/T 1721—2008）[S]. 北京.

国家林业局，2003. 森林生态系统定位观测指标体系（LY/T 1606—2003）[S]. 北京.

国家林业局，2011. 森林生态系统长期定位观测方法（LY/T 1952—2011）[S]. 北京.

国家统计局，2016. 中国统计年鉴 [Z]. 北京：中国统计出版社.

贺席燕，赵航，柳庆英，等，2017. 贵州省能源消费碳排放影响因素分析 [J]. 贵州科学，35
（05）：47-52.

胡剑波，桂姗姗，任亚运，2016. 能源消费和工业过程碳足迹动态变化研究——基于贵州省
1990—2014 年的数据分析 [J]. 生态经济，32（12）：39-42.

黄玫，季劲钧，曹明奎，等，2006. 中国区域植被地上与地下生物量模拟 [J]. 生态学报，(12)：
4156-4163.

黄威廉，屠玉麟，1983. 贵州植被区划 [J]. 贵州师范大学学报（自然科学版），(01)：26-47.

焦雯珺，闵庆文，李文华，Anthony M. Fuller，2014. 基于生态系统服务的生态足迹模型构建
与应用 [J]. 资源科学，36（11）：2392-2400.

金爱武，郑炳松，陶金星，等，2000. 雷竹光合速率日变化及其影响因子 [J]. 浙江林学院学
报，(03)：39-43.

赖日文，刘健，汪琴，等，2014. 闽江流域生态公益林林型对水源涵养的影响 [J]. 西北农林
科技大学学报（自然科学版），42（10）：111-118.

李和平，郭海祥，2014. 贵州省生态系统土壤保持功能时空分布演变研究 [J]. 地理空间信息，
12（04）：81-84.

李建新，2007. 景观生态学实践与评述 [M]. 北京：中国环境科学出版社.

李旭东，2018. 贵州省直接生活能源碳排放及影响因素分析 [J]. 环境科学与技术，41（08）：
184-191.

李毅，彭岩，徐林，等，2016. 林业资源共享服务平台建设关键技术及应用研究 [J]. 中国林
业产业，007.

刘世荣，2012. 生态学学科发展报告 [M]. 北京：中国科学技术出版社.

刘世荣，代力民，温远光，等，2015. 面向生态系统服务的森林生态系统经营：现状、挑战
与展望 [J]. 生态学报，35（01）：1-9.

刘宇辉，彭希哲，2004. 中国历年生态足迹计算与发展可持续性评估 [J]. 生态学报，(10)：
2257-2262.

刘智慧，周忠发，郭宾，2014. 贵州省重点生态功能区生态敏感性评价 [J]. 生态科学，33
（06）：1135-1141.

芦颖，李旭东，杨正业，2018. 贵州省能源碳排放现状及峰值预测 [J]. 环境科学与技术，41

（11）：173-180.

鲁东民，王忠明，付贺龙，2017. 基于网络地理信息系统的林业资源统计数据可视化系统设计 [J]. 世界林业研究，30（03）：46-51.

牛香，王兵，2012. 基于分布式测算方法的福建省森林生态系统服务功能评估 [J]. 中国水土保持科学，10（02）：36-43.

欧阳志云，王如松，2005. 区域生态规划理论与方法 [M]. 北京：化学工业出版社.

潘勇军，2013. 基于生态 GDP 核算的生态文明评价体系构建 [D]. 北京：中国林业科学研究院.

齐杨，于洋，刘海江，等，2015. 中国生态监测存在问题及发展趋势 [J]. 中国环境监测，31（06）：9-14.

秦志佳，兰安军，钟九生，2017. 2010 年与 2015 年贵州省土壤侵蚀的等级变化 [J]. 贵州农业科学，45（03）：144-148.

邵全琴，樊江文，刘纪远，等，2017. 重大生态工程生态效益监测与评估研究 [J]. 地球科学进展，32（11）：1174-1182.

宋庆丰，牛香，王兵，2015. 基于大数据的森林生态系统服务功能评估进展 [J]. 生态学杂志，34（10）：2914-2921.

宋同清，彭晚霞，杜虎，等，2014. 中国西南喀斯特石漠化时空演变特征、发生机制与调控对策 [J]. 生态学报，34（18）：5328-5341.

孙鸿烈，陈宜瑜，于贵瑞，等，2014. 国际重大研究计划与中国生态系统研究展望——中国生态大讲堂百期学术演讲暨 2014 年春季研讨会评述 [J]. 地理科学进展，33（07）：865-873.

汤小华，2005. 福建省生态功能区划研究 [D]. 福州：福建师范大学.

王兵，崔向慧，杨锋伟，2004. 中国森林生态系统定位研究网络的建设与发展 [J]. 生态学杂志，（04）：84-91.

王兵，丁访军，2010. 森林生态系统长期定位观测标准体系构建 [J]. 北京林业大学学报，32（06）：141-145.

王兵，宋庆丰，2012. 森林生态系统物种多样性保育价值评估方法 [J]. 北京林业大学学报，34（02）：155-160.

王兵等，2003. 生态系统长期观测与研究网络 [M]. 北京：中国科学技术出版社.

王虎威，张文革，于新文，等，2018. 森林生态定位观测系统网络管理平台设计与实现 [J]. 世界林业研究，31（03）：28-33.

王世杰，2018. 喀斯特石漠化概念演绎及其科学内涵的探讨 [J]. 中国岩溶，（02）：31-35.

王孜昌，王宏艳，2002. 贵州省气候特点与植被分布规律简介 [J]. 贵州林业科技，（04）：46-50.

吴松，安裕伦，李远艳，等，2016. 2000—2010 年贵州省生态系统水源涵养功能变化特征 [J]. 环保科技，22（02）：1-6.

熊康宁，胡顺光，2011. 贵州喀斯特地区水土流失研究进展 [J]. 贵州师范大学学报（自然科学版），29（04）：106-110.

熊康宁，肖时珍，陈浒，等，2012. 世界遗产与赤水丹霞景观 [M]. 北京：高等教育出版社.

徐国泉，刘则渊，姜照华，2006. 中国碳排放的因素分解模型及实证分析:1995—2004[J]. 中国人口·资源与环境.

徐宁，2013. 水土保持型限制开发区转变经济发展方式问题研究——以桂黔滇喀斯特石漠化防治生态功能区贵州 9 县为例 [J]. 生产力研究，（07）：77-81.

杨汉奎，1995. 喀斯特荒漠化是一种地质—生态灾难 [J]. 海洋地质与第四纪地质，（03）：137-147.

杨金艳，王传宽，2006. 土壤水热条件对东北森林土壤表面 CO_2 通量的影响 [J]. 植物生态学报，30（2）：286-294.

杨开忠，杨咏，陈洁，2000. 生态足迹分析理论与方法 [J]. 地球科学进展，015（006）：630-636.

尹晓芬，王灏，王晓鸣，2012. 贵州森林碳汇现状及增汇潜力分析 [J]. 地球与环境，40（02）：266-270.

于贵瑞，张雷明，孙晓敏，2014. 中国陆地生态系统通量观测研究网络（ChinaFLUX）的主要进展及发展展望 [J]. 地理科学进展，33（07）：903-917.

袁道先，蔡桂鸿，1988. 岩溶环境学 [M]. 重庆：重庆出版社，58.

张凡，吴克华，苏维词，等，2011. 贵州省生物多样性重要性空间分异特征 [J]. 安徽农业科学，39（19）：11728-11732.

张乐勤，荣慧芳，曹先河，2011. 两种森林生态系统价值评估方法实证评述 [J]. 水土保持通报，31（01）：169-174.

张信宝，2016. 贵州石漠化治理的历程、成效、存在问题与对策建议 [J]. 中国岩溶，35（05）：497-502.

赵海凤，李仁强，赵芬，等，2018. 生态环境大数据发展现状与趋势 [J]. 生态科学，37（01）：211-218.

郑怀军，2013. 辽宁省生态足迹动态分析及驱动因素研究 [D]. 大连：辽宁师范大学.

中华人民共和国国家质量监督检验检疫总局，中国国家标准化管理委员会，2017. 森林生态系统长期定位观测指标体系（GB/T 35337—2017）[S]. 北京.

周晓峰，等，1999. 森林生态功能与经营途径 [M]. 北京：中国林业出版社.

Bengston D N，Fan D P，Celarier D N，1999.A new approach to monitoring the social

environment for natural resource management and policy：The case of US national forest benefits and values[J]. Journal of Environmental Management，56（3）：181-193.

Chen B，Chen G Q，Yang Z F，Jiang M M，2007. Ecological footprint accounting for energy and resource in China[J]. Energy Policy，35（3）：1599-1609.

Cubbage F，Harou P，Sills E，2007.Policy instruments to enhance multi-functional forest management[J]. Forest Policy and Economics，9（7）：833-851.

Daume S，Albert M，von Gadow K，2014. Assessing citizen science opportunities in forest monitoring using probabilistic topic modelling[J]. Forest Ecosystems，1（1）.

Dixon R K，Solomon A M，Brown S，et al，1994. Carbon pools and flux of global forest ecosystems[J]. Science，263（5144）：185-190.

Fang J，2001. Changes in Forest Biomass Carbon Storage in China Between 1949 and 1998[J]. Science，292（5525）：2320-2322.

Fang J，G W G，Gh L，Sl X，1998. Forest biomass of China：an estimate based on the biomass-volume relationship[J]. Ecological Applications（8）：1084-1091.

Kramer P J，1981. Carbon Dioxide Concentration, Photosynthesis, and Dry Matter Production[J]. Bioscience，31（1）：29-33.

Leach M，Mearns R，Scoones I，1999. Environmental Entitlements：Dynamics and Institutions in Community-Based Natural Resource Management[J]. World Development，27（2）：225-247.

Li L，Hao T，Chi T，2017. Evaluation on China's forestry resources efficiency based on big data[J]. Journal of Cleaner Production，142：513-523.

Lindenmayer D B，Likens G E，2010. The science and application of ecological monitoring[J]. Biological Conservation，143（6）：1317-1328.

Lugo A E，Brown S，1986. Brazil's Amazon forest and global carbon problem[J]. Interciencia.

Niu X，Wang B，2013. Assessment of forest ecosystem services in China：A methodology[J]. Journal of Food, Agriculture and Environment，11：2249-2254.

Post W M，Emanuel W R，Zinke P J，Stangenberger A G，1982. Soil carbon pools and world life zones[J]. Nature，298（5870）：156-159.

Wang B，Wang D，Niu X，2013. Past, present and future forest resources in China and the implications for carbon sequestration dynamics[J]. Journal of Food Agriculture & Environment，11（1）：801-806.

Woodwell G M，Whittaker R H，Reiners W Al，et al，1978. The Biota and the World Carbon Budget[J]. Science，199（4325）：141-146.

名词术语

生态系统功能

生态系统的自然过程和组分直接或间接地提供产品和服务的能力，包括生态系统服务功能和非生态系统服务功能。

生态服务

生态系统中可以直接或间接地为人类提供的各种惠益，生态服务建立在生态系统功能的基础之上，森林生态服务特指除木材、林产品外森林所提供的各种服务。

生态服务转化率

生态系统实际所发挥出来的服务功能占潜在服务功能的比率，通常用百分比（%）表示。

森林生态效益定量化补偿

政府根据森林生态效益的大小对生态服务提供者给予的补偿。

森林生态服务指标连续观测与定期清查（简称：森林生态连清）

森林生态服务全指标体系连续观测与定期清查（简称森林生态连清）是以生态地理区划为单位，以国家现有森林生态站为依托，采用长期定位观测技术和分布式测算方法，定期对同一森林生态服务进行重复的全指标体系连续观测与定期清查，它与国家森林资源连续清查耦合，用以评价一定时期内森林生态服务及动态变化。

森林生态功能修正系数（FEF-CC）

基于森林生物量决定林分的生态质量这一生态学原理，森林生态功能修正系数是指评估林分生物量和实测林分生物量的比值。反映森林生态服务评估区域森林的生态质量状况，还可通过森林生态功能的变化修正森林生态服务的变化。

价格指数

价格指数反映不同时期一组商品（服务项目）价格水平的变化方向、趋势和程度的经济指标，是经济指数的一种，通常以报告期和基期相对比的相对数来表示。价格指数是研究价格动态变化的一种工具。

生态足迹

或称生态空间占用，是一种衡量人类对自然资源利用程度以及自然界为人类社会提供的生命支持服务的方法，是计量人类对生态系统需求的指标，计量的内容包括人类拥有的自然资源、耗用的自然资源，以及资源分布情况。它显示在现有技术条件下，制定的人口单位内（一个人、一个城市、一个国家或全人类）需要多少具备生物生产力的土地和水域，来生产所需资源和吸纳衍生的废弃物。

人均生态承载力

其反映的是在不损害区域生产力的前提下，人均消耗的自然资源需要多大面积的土地来提供。

生态盈余

指研究对象的生态承载力大于生态足迹，即研究对象对资源的索取没有超出其生态供给能力。

绿色 GDP

绿色 GDP 是在现行 GDP 核算的基础上扣除资源消耗价值和环境退化价值。

生态 GDP

生态 GDP 是在现行 GDP 核算的基础上，减去资源消耗价值和环境退化价值，加上生态系统的生态效益，也就是在绿色 GDP 核算体系的基础上加入了生态系统的生态效益。

附 表

贵州省森林生态系统服务功能评估社会公共数据（2016 年推荐使用价格）

编号	名称	单位	出处值	2016价格	来源及依据
1	水库建设单位库容投资	元/吨	6.32	7.01	中华人民共和国审计署，2013年第23号公告：长江三峡工程竣工财务决算草案审计结果，三峡工程动态总投资合计2485.37亿元；水库正常蓄水水位高175米，总库容393亿立方米。贴现至2016年
2	水的净化费用	元/吨	3.05	3.05	贵州省居民用自来水2016年水价，来源于贵州省发展和改革委员会网站（贵州省物价局由于改革调整已经并入贵州省的发改委网站）
3	挖取单位面积土方费用	元/立方米	34.89	34.89	根据2002年黄河水利出版社出版《中华人民共和国水利部水利建筑工程预算定额》（上册）中人工挖土方Ⅰ和Ⅱ类土类每100立方米需42工时，人工费依据贵州省《关于发布贵州省2014年人工单价指导价的通知》取78元/工日，贴现至2016年为83.08元/工日
4	磷酸二铵含氮量	%	14	14	
5	磷酸二铵含磷量	%	15.01	15.01	化肥产品说明
6	氯化钾含钾量	%	50	50	
7	磷酸二铵化肥价格	元/吨	3300	3661.74	根据中国化肥网（http://www.fert.cn）2013年春季公布的磷酸二胺和氯化钾化肥平均价格，磷酸二铵为3300元/吨，贴现至2016年为3661.74元/吨；氯化钾化肥价格为2800元/吨，贴现至2016年为3106.93元/吨；有机质价格根据中国农资网（www.ampcn.com）2013年鸡粪有机肥的春季平均价格得到，为800元/吨，贴现至2016年为887.69元/吨
8	氯化钾化肥价格	元/吨	2800	3106.93	
9	有机质价格	元/吨	800	887.69	
10	固碳价格	元/吨	855.4	949.17	采用2013年瑞典碳税价格：136美元/吨二氧化碳，人民币对美元汇率按照2013年平均汇率6.2897计算，贴现至2016年为949.17元/吨
11	制造氧气价格	元/吨	1000	1453.46	采用中华人民共和国国家卫生和计划生育委员会网站http://www.nhfpc.gov.cn/）2007年春季氧气平均价格（1000元/吨），再根据贴现率转换为2016年的现价为1453.46元/吨

（续）

编号	名称	单位	出处值	2016价格	来源及依据
12	负离子生产费用	元/10^{18}个	8.33	8.33	根据企业生产的适用范围30平方米（房间高3米）、功率为6瓦、负离子浓度1000000个/立方米、使用寿命为10年、价格每个65元的KLD-2000型负离子发生器而推断获得，其中负离子寿命为10min；根据贵州上调居民阶梯电价的通知，居民生活用电现行阶梯价格均值为0.5723元/千瓦时
13	二氧化硫治理费用	元/千克	1.2	2.07	采用中华人民共和国国家发展和改革委员会第四部委2003年第31号令《排污费征收标准及计算方法》中北京市高硫煤二氧化硫排污费收费标准1.20元/千克；氟化物排污费收费标准为0.69元/千克；氮氧化物排污费收费标准为0.63元/千克；一般粉尘排放物收费标准为0.15元/千克。贴现到2016年二氧化硫排污费收费标准为2.07元/千克；氟化物排污费收费标准为1.19元/千克；氮氧化物排污费收费标准为1.08元/千克；一般粉尘排污费收费标准为0.26元/千克
14	氟化物治理费用	元/千克	0.69	1.19	
15	氮氧化物治理费用	元/千克	0.63	1.08	
16	降尘清理费用	元/千克	0.15	0.26	
17	PM_{10}所造成健康危害经济损失	元/千克	28.3	31.4	根据David等2013年《Modeled $PM_{2.5}$ Removal by Trees in Ten U.S. Cities and Associated Health Effects》中对美国十个城市绿色植被吸附$PM_{2.5}$及对健康价值影响的研究，每吨PM_{10}和$PM_{2.5}$所造成健康危害经济损失平均分别为4500美元和691748.88美元，人民币对美元汇率按照2013年平均汇率6.2897计算，价值贴现至2016年
18	$PM_{2.5}$所造成健康危害经济损失	元/千克	4350.89	4827.83	
21	生物多样性保护价值	元/（公顷·年）	— — — — — — — —		$1 \leqslant$ Shannon-Wiener 指数 < 2，$S_{生}$为5000元/（公顷·年），贴现至2016年为$S_{生}$为6941.22元/（公顷·年）；$2 \leqslant$ Shannon-Wiener 指数 < 3，$S_{生}$为10000元/（公顷·年），贴现至2016年为$S_{生}$为13882.44元/（公顷·年）；$3 \leqslant$ Shannon-Wiener 指数 < 4，$S_{生}$为20000元/（公顷·年），贴现至2016年为$S_{生}$为27764.89元/（公顷·年）；$4 \leqslant$ Shannon-Wiener 指数 < 5，$S_{生}$为30000元/（公顷·年），贴现至2016年为$S_{生}$为41647.33元/（公顷·年）；$5 \leqslant$ Shannon-Wiener 指数 < 6，$S_{生}$为40000元/（公顷·年），贴现至2016年为$S_{生}$为55529.77元/（公顷·年）；指数$\geqslant 6$时，$S_{生}$为50000元/（公顷·年），贴现至2016年为$S_{生}$为69412.22元/（公顷·年）

附件一

《中国绿色时报》刊发
生态系统服务价值的实现路径

02 中国绿色时报
2020年11月10日　　　　　　　　　　　　　　**新闻**　　　　　　　电话:(010)84238461
邮箱:zhxwb2008@sina.com
责编:刘倩玮　美编:许全会　责校:康海兰

生态系统服务价值的实现路径

本报记者 吴亮晶

绿水青山就是金山银山，建立生态产品价值实现机制，把看不见、摸不着的生态效益转化为经济效益、社会效益，既是践行绿水青山就是金山银山理念的重要举措，更是完善生态文明制度体系的有益探索。

日前，记者采访了国家林业和草原局典型林业生态工程效益监测评估国家创新联盟首席科学家王兵，他从宏观理论到具体实践，讲述了生态产品价值实现的一些模式与路径，以及生态价值核算的最新进展，全方位展示了生态产品价值实现的重要意义。

早在2009年，我国首次公布森林生态系统服务功能的货币价值量，仅固碳释氧、涵养水源、保育土壤、净化大气环境、积累营养物质及生物多样性保护6项生态功能年价值量就达10.01万亿元。2014年，我国公布第二次全国森林生态系统服务功能年价值量为12.68万亿元。

王兵介绍，根据第九次全国森林资源清查结果显示，当前我国森林生态系统服务功能年价值量为15.88万亿元。在他主编的《中国森林资源及其生态功能40年监测评估》一书中指出，近40年间，我国森林生态功能显著增强，其中，固碳能、释氧能和调节净化环境气体量约为1倍增，其他各项功能量增幅也在70%以上。

"我国具备多尺度、多目标森林生态系统服务评估能力，评估标准符合国家标准、数据科学真实，"王兵说，他介绍，科研人员在全国森林生态系统服务评估实践中，以全国历次森林资源清查数据和森林生态清查数据为基础，利用分布式测算方法，开展了全国森林生态系统服务评估，在省域尺度和森林生态系统服务评估实践中，以同样的方法和科学的算法，实现了从行政区代表性地市、林区等60个区域的森林生态系统服务评估。

如安徽省，2014年全省森林生态系统服务功能的货币价值量为4804.79亿元，相当于当年全省GDP的23.08%，再如内蒙古自治区呼伦贝尔市，2014年全省森林生态系统服务功能年价值量为6870.46亿元，相当于当年全市GDP的4.51倍。

"核算生态服务功能的价值不是我们的目的，以货币化形式评价森林生态效益，更是助于探索森林生态效益精准化补偿的实现路径。自然资源资产负债表编制和资源环境生态设立了3个账户，即林业生态效益账户、森林资源资产账户和森林生态服务功能账户，使资产、负债和所有者权益的账户相一致，一目了然，对于在全区乃至全国推行自然资源资产负债表的编制具有重要意义。

森林碳库功能生态效益交易是指生产消费生态产品所形成的生态系统服务权益，污染排放权和资源开发权的产权人和受益人之间，直接通过一定机制实现生态产品化的模式，以广西壮族自治区森林生态

系统服务评估能力，评估标准符合国家标准、数据科学真实。

以此评估数据可以计算森林生态效益定量补偿系数、财政补对能力相对能力指数，补偿总量补偿等情况。结果表明:森林生态效益多功能生态效益补偿幅度为每年每公顷232.8元，为政策性补偿幅度的3倍。其中，主要优势树种I级生态效益补偿幅度最高的为桉树，每公顷达303.53元。

自然资源资产负债表制作是政府对资源节约利用和生态环境好的重要决策。我国建立这项制度，科学评价领导干部任期内的生态政绩和问责成为可能。内蒙古为客观反映森林资源资产的变化，编制负债表创新性地设立了3个账户，即林业生态账户、森林资源资产账户和森林生态服务功能账户，使资产、负债和所有者权益的相互关系，一目了然。

绿色碳库功能生态效益交易是指生产消费生态服务所形成的生态系统服务权益，污染排放权和资源开发权的产权人和受益人之间，直接通过一定机制实现生态产品化的模式，以广西壮族自治区森林生态

系统服务的"绿色银汇"功能为例，广西森林生态系统固定二氧化碳储量为每年1.79亿吨，即期全区工业二氧化碳排放量为1.55亿吨。所以，广西工业排放的二氧化碳完全可以被森林所吸收。生态系统服务转化率达100%，实现了二氧化碳零排放。除此之外，广西还可以采用生态权益交易等办法进行排放权益模式，将"绿色碳库"功能以做好的方式交易，用于企业的碳排放量化。

森林生态系统功能所产生的服务作为是最普惠的生态产品，实现其价值转化具有重大的战略作用和现实意义。王兵认为，建立健全生态系统服务实现机制，既是把握践行绿水青山就是金山银山理念的重要举措，也是保护生态优先、绿色发展最主要内容，建设生态文明的必然要求。当前，我国的科研工作者还需要开展更为广泛的生态系统服务转化机制的研究，将其作为一步探究生态效益转化与迁延研究，这也是未来生态系统服务价值化实现进径的重要研究方向。

长三角十地市共商
林业保护与发展

本报讯　以"绿色共保"为主题，G60科创走廊九地市、南京市林业主管部门日前在安徽宣城召开会议，共同对话林业保护与发展。

2019年12月，《长江三角洲区域一体化发展规划纲要》实现。在此背景下，全上海绿共同推动长三角地区的生态保护和绿色发展，签署了《G60科创走廊九地市+南京市林业主管部门联席会议制度》《G60科创走廊九地市+南京市林业主管部门联席会议轮值制度》等。

与此为契机，各地计划共同打造长三角的生态产品和林产品供应基地，共建绿色生态屏障，优化林业发展环境，促进长三角特别是"一地六县"长三角一体化绿色产业发展示范区建设，建立健全森林防火、林业有害生物防治联防联控工作机制，探索跨地区生态补偿有效机制，拓展自然保护地交流平台。

（钟俊波 曹开发）

云南临沧核桃
富含"快乐荷尔蒙"

本报讯　记者康勇军 通讯员陈德荣报道　对临沧核桃的全营养检测结果显示，40项指标优于对比组国内其他区域核桃，38项指标优于对比组美国加州核桃，尤其是血清素含量显著优于对比组。

11月7日，云南临沧市政府在第二届临沧坚果文化节上为产自"新西兰皇家植物食品研究"对临沧核桃的检测出具了研究证明。经在此院食品与植物营养健康科研团队著名研究家陈斯特博士为的研究团队完成此检测著明，临沧核桃血清素含量显著，以食用30克计算含量达7.2毫克，高出美国加州

国家林业和草原局
国家公园管理局

生态系统服务价值的实现路径

绿水青山就是金山银山。建立生态产品价值实现机制，把看不见、摸不着的生态效益转化为经济效益、社会效益，既是践行绿水青山就是金山银山理念的重要举措，更是完善生态文明制度体系的有益探索。

日前，记者采访了国家林业和草原局典型林业生态工程效益监测评估国家创新联盟首席科学家王兵，他从宏观理论到具体实践，讲述了生态产品价值实现的一些模式与路径，以及生态价值核算的最新进展，全方位展示了生态产品价值实现的重要意义。

早在2009年，我国首次公布森林生态系统服务功能的货币价值量，仅固碳释氧、涵养

水源、保育土壤、净化大气环境、积累营养物质及生物多样性保护 6 项生态服务功能年价值量就达 10.01 万亿元。2014 年，我国公布第二次全国森林生态系统服务功能年价值量为 12.68 万亿元。

王兵介绍，根据第九次全国森林资源清查结果估算，当前我国森林生态系统服务功能年价值量为 15.88 万亿元。在他主编的《中国森林资源及其生态功能四十年监测与评估》一书中显示，近 40 年间，我国森林生态功能显著增强，其中，固碳量、释氧量和吸收污染气体量实现了倍增，其他各项功能增幅也均在 70% 以上。

"我国具备多尺度、多目标森林生态系统服务评估能力，评估标准符合国家标准，数据科学真实。"王兵说。他介绍，科研人员在全国森林生态系统服务评估实践中，以全国历次森林资源清查数据和森林生态连清数据为基础，利用分布式测算方法，开展了全国森林生态系统服务评估；在省域尺度森林生态系统服务评估实践中，以同样的方法和科学的算法，完成了省级行政区、代表性地市、林区等 60 个区域的森林生态系统服务评估。

如安徽省，2014 年全省森林生态系统服务年价值量为 4804.79 亿元，相当于当年全省 GDP 的 23.05%。再如内蒙古自治区呼伦贝尔市，2014 年全市森林生态系统服务功能年价值量为 6870.46 亿元，相当于当年全市 GDP 的 4.51 倍。

"核算生态服务功能的价值不是我们的目的，以货币化形式评价森林生态效益、衡量林业生态建设成效，不仅可以提高人们对森林生态效益重要性的认识，提升人们的生态文明意识，更有助于探索森林生态效益精准量化补偿的实现路径、自然资源资产负债表编制的实现路径、绿色碳库功能生态权益交易价值化实现路径等。也就是说，生态产品价值实现的实质就是将生态产品的使用价值转化为交换价值的过程。"王兵说。

森林生态效益科学量化补偿是基于人类发展指数的多功能定量化补偿，结合了森林生态系统服务和人类福祉的其他相关关系，并符合不同行政单元财政支付能力的一种给予森林生态系统服务提供者的奖励。以内蒙古大兴安岭林区森林生态系统服务功能评估为例，以此评估数据可以计算得出森林生态效益定量化补偿系数、财政相对能力补偿指数、补偿总量及补偿额度。结果表明：森林生态效益多功能生态效益补偿额度为每年每公顷 232.8 元，为政策性补偿额度的 3 倍，其中，主要优势树种（组）生态效益补偿额度最高的为枫桦，每公顷达 303.53 元。

自然资源资产负债表编制工作是政府对资源节约利用和生态环境保护的重要决策。内蒙古自治区已经探索出了编制路径，使国家建立这项制度、科学评价领导干部任期内的生态政绩和问责成为可能。内蒙古为客观反映森林资源资产的变化，编制负债表时创新性地设立了 3 个账户，即一般资产账户、森林资源资产账户和森林生态服务功能账户，还创新了财务管理系统管理森林资源，使资产、负债和所有者权益的恒等关系一目了然，对于在全区乃至全国推行自然资源资产负债表编制具有现实意义。

绿色碳库功能生态权益交易是指生产消费关系较为明确的生态系统服务权益、污染排放权益和资源开发权益的产权人和受益人之间，直接通过一定机制实现生态产品价值的模式。以广西壮族自治区森林生态系统服务的"绿色碳汇"功能为例，广西森林生态系统固定二氧化碳量为每年 1.79 亿吨，同期全区工业二氧化碳排放量为 1.55 亿吨。所以，广西工业排放的二氧化碳完全可以被森林所吸收，其生态系统服务转化率达 100%，实现了二氧化碳零排放。同时，广西还可以采用生态权益交易中的污染排放权益模式，将"绿色碳库"功能以碳封存的方式交易，用于企业的碳排放权购买。

　　王兵介绍，生态系统服务价值化实现路径可分为就地实现和迁地实现。就地实现是在生态系统服务产生区域内完成价值化实现，如固碳释氧、净化大气环境等生态功能价值化实现。迁地实现是在生态系统服务产生区域之外完成价值化实现，如大江大河上游森林生态系统涵养水源功能的价值化实现需要在中、下游予以体现。

　　森林生态系统功能所产生的服务作为最普惠的生态产品，实现其价值转化具有重大的战略作用和现实意义。王兵认为，建立健全生态系统服务实现机制，既是贯彻落实习近平生态文明思想、践行绿水青山就是金山银山理念的重要举措，也是坚持生态优先、推动绿色发展、建设生态文明的必然要求。当前，我国的科研工作者还需要开展更为广泛的生态系统服务转化率的研究，将其进一步细化为就地转化和迁地转化。这也是未来生态系统服务价值化实现途径的重要研究方向。

来源：中国绿色时报

2020 年 11 月 10 日第 2 版新闻

记者：吴兆喆

附件二

生态环境部官媒《环境保护》刊发 "中国森林生态系统服务评估及其价值化 实现路径设计"

王兵　牛香　宋庆丰

摘　要　森林生态系统在山水林田湖草生命共同体中占据着重要位置，作为陆地生态系统的主要组成部分，其在物质循环、能量流动和信息传递方面作用巨大，森林生态系统服务评估是量化这种作用的必要手段。通过构建森林生态连清技术体系，在系列国家标准的规范下，进行多源数据的耦合，利用分布式测算方法，得出森林生态系统服务评估结果。同时，列举了多时空尺度的森林生态系统服务评估研究取得的成果，用翔实的数据量化了"绿水青山就是金山银山"。最后，根据森林生态系统服务评估典型案例，开展了生态系统服务价值化实现路径设计研究，以期为"绿水青山"向"金山银山"转化提供了具体范式。

关键词　森林生态连清体系；分布式测算方法；价值化实现路径；功能与服务转化率

习近平总书记在《关于〈中共中央关于全面深化改革若干重大问题的决定〉的说明》中提到山水林田湖是一个生命共同体，人的命脉在田，田的命脉在水，水的命脉在山，山的命脉在土，土的命脉在树。由此可以看出，森林高居山水林田湖生命共同体的顶端，在2500年前的《贝叶经》中也把森林放在了人类生存环境的最高位置，即：有林才有水，有水才有田，有田才有粮，有粮才有人。森林生态系统是维护地球生态平衡最主要的一个生态系统，在物质循环、能量流动和信息传递方面起到了至关重要的作用。特别是森林生态系统服务发挥的"绿色水库""绿色碳库""净化环境氧吧库"和"生物多样性基因库"四个生态库功能，为经济社会的健康发展尤其是人类福祉的普惠提升提供了生态产品保障。目前，如何核算森林生态功能与其服务的转化率以及价值化实现，并为其生态产品设计出科学可行的实现路径，正是当今研究的重点和热点。本文将基于大量的森林生态系统服务评估实践，开展价值化实现路径设计研究，为"绿水青山"向"金山银山"转化提供可复制、可推广的范式。

森林生态系统服务评估技术体系

利用森林生态系统连续观测与清查体系（以下简称"森林生态连清体系"，图1），基于以中华人民共和国国家标准为主体的森林生态系统服务监测评估标准体系，获取森林资源数据和森林生态连清数据，再辅以社会公共数据进行多数据源耦合，按照分布式测算方法，开展森林生态系统服务评估。

森林生态连清技术体系

森林生态连清体系是以生态地理区划为单位，以国家现有森林生态站为依托，采用长期定位观测技术和分布式测算方法，定期对同一森林生态系统进行重复的全指标体系观测与清查的技术。它可以配合国家森林资源连续清查（以下简称"森林资源连清"），形成国家森林资源清查综合调查新体系，用以评价一定时期内森林生态系统的质量状况。森林生态连清体系将森林资源清查、生态参数观测调查、指标体系和价值评估方法集于一套框架中，即通过合理布局来制定实现评估区域森林生态系统特征的代表性，又通过标准体系来规范从观测、分析、测算评估等各阶段工作。这一套体系是在耦合森林资源数据、生态连清数据和社会经济价格数据的基础上，在统一规范的框架下完成对森林生态系统服务功能的评估。

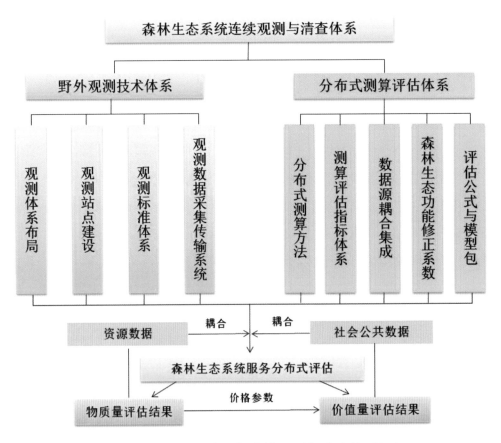

图1　森林生态系统服务连续观测与清查体系框架

评估数据源的耦合集成

第一，森林资源连清数据。依据《森林资源连续清查技术规程》(GB/T 38590—2020)，从森林资源自身生长、分布规律和特点出发，结合我国国情、林情和森林资源管理特点，采用抽样调查技术和以"3S"技术为核心的现代信息技术，以省份为控制总体，通过固定样地设置和定期实测的方法，以及国家林业和草原局对不同省份具体时间安排，定期对森林资源调查所涉及到的所有指标进行清查。目前，全国已经开展了 9 次全国森林资源清查。

第二，森林生态连清数据。依据《森林生态系统定位观测指标体系》(GB/T 35377—2017) 和《森林生态系统长期定位观测方法》(GB/T 33027—2016)，来自全国森林生态站、辅助观测点和大量固定样地的长期监测数据。森林生态站监测网络布局是以典型抽样为指导思想，以全国水热分布和森林立地情况为布局基础，辅以重点生态功能区和生物多样性优先保护区，选择具有典型性、代表性和层次性明显的区域完成森林生态网络布局。

第三，社会公共数据。社会公共数据来源于我国权威机构所公布的社会公共数据，包括《中国水利年鉴》《中华人民共和国水利部水利建筑工程预算定额》、中国农业信息网(http://www.agri.gov.cn/)、卫生部网站 (http://wsb.moh.gov.cn/)、《中华人民共和国环境保护税法》中的《环境保护税税目税额表》。

标准体系

由于森林生态系统长期定位观测涉及不同气候带、不同区域，范围广、类型多、领域多、影响因素复杂，这就要求在构建森林生态系统长期定位观测标准体系时，应综合考虑各方面因素，紧扣林业生产的最新需求和科研进展，既要符合当前森林生态系统长期定位观测研究需求，又具有良好的扩充和发展的弹性。通过长期定位观测研究经验的积累，并借鉴国内外先进的野外观测理念，构建了包括三项国家标准 (GB/T 33027—2016、GB/T 35377—2017 和 GB/T 38582—2020) 在内的森林生态系统长期定位观测标准体系 (图 2)，涵盖观测站建设、观测指标、观测方法、数据管理、数据应用等方面，确保了各生态站所提供生态观测数据的准确性和可比性，提升了生态观测网络标准化建设和联网观测研究能力。

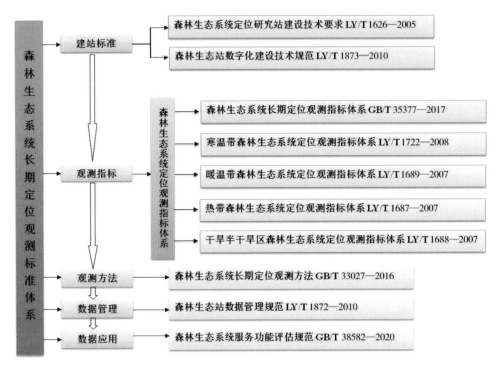

图 2　森林生态系统长期定位观测标准体系

分布式测算方法

森林生态系统服务评估是一项非常庞大、复杂的系统工程，很适合划分成多个均质化的生态测算单元开展评估。因此，分布式测算方法是目前评估森林生态系统服务所采用的一种较为科学有效的方法，通过诸多森林生态系统服务功能评估案例也证实了分布式测算方法能够保证结果的准确性及可靠性。

分布式测算方法的具体思路如下：第一，将全国（香港、澳门、台湾除外）按照省级行政区划分为第 1 级测算单元；第二，在每个第 1 级测算单元中按照林分类型划分成第 2 级测算单元；第三，在每个第 2 级测算单元中，再按照起源分为天然林和人工林第 3 级测算单元；第四，在每个第 3 级测算单元中，再按照林龄组划分为幼龄林、中龄林、近熟林、成熟林、过熟林第 4 级测算单元，结合不同立地条件的对比观测，最终确定若干个相对均质化的森林生态连清数据汇总单元。

基于生态系统尺度的定位实测数据，运用遥感反演、模型模拟（如 IBIS—集成生物圈模型）等技术手段，进行由点到面的数据尺度转换。将点上实测数据转换至面上测算数据，即可得到森林生态连清汇总单元的测算数据，将以上均质化的单元数据累加的结果即为汇总结果。

多尺度多目标森林生态系统服务评估实践

全国尺度森林生态系统服务评估实践

在全国尺度上，以全国历次森林资源清查数据和森林生态连清数据（森林生态站、生态效益监测点以及1万余个固定样地的长期监测数据）为基础，利用分布式测算方法，开展了全国森林生态系统服务评估。其中，2009年11月17日，基于第七次全国森林资源清查数据的森林生态系统服务评估结果公布，全国生态服务功能价值量为10.01万亿元/年；2014年10月22日，原国家林业局和国家统计局联合公布了第二期（第八次森林资源清查数据）全国森林生态系统服务评估总价值量为12.68万亿元/年；最新一期（第九次森林资源清查）全国森林生态系统服务评估总价值量为15.88万亿元/年。《中国森林资源及其生态功能四十年监测与评估》研究结果表明：近40年间，我国森林生态功能显著增强，其中，固碳量、释氧量和吸收污染气体量实现了倍增，其他各项功能增长幅度也均在70%以上。

省域尺度森林生态系统服务评估实践

在全国选择60个省级及代表性地市、林区等开展森林生态系统服务评估实践，评估结果以"中国森林生态系统连续观测与清查及绿色核算"系列丛书的形式向社会公布。该丛书包括了我国省级及以下尺度的森林生态连清及价值评估的重要成果，展示了森林生态连清在我国的发展过程及其应用案例，加快了森林生态连清的推广和普及，使人们更加深入地了解了森林生态连清体系在当代生态文明中的重要作用，并把"绿水青山价值多少金山银山"这本账算得清清楚楚。

省级尺度上，如安徽卷研究结果显示，安徽省森林生态系统服务总价值为4804.79亿元/年，相当于2012年安徽省GDP（20849亿元）的23.05%，每公顷森林提供的价值平均为9.60万元/年。代表性地市尺度上，如在呼伦贝尔国际绿色发展大会上公布的2014年呼伦贝尔市森林生态系统服务功能总价值量为6870.46亿元，相当于该市当年GDP的4.51倍。

林业生态工程监测评估国家报告

基于森林生态连清体系，开展了我国林业重大生态工程生态效益的监测评估工作，包括：退耕还林（草）工程和天然林资源保护工程。退耕还林（草）工程共开展了5期监测评估工作，分别针对退耕还林6个重点监测省份、长江和黄河流域中上游退耕还林工程、北方沙化土地的退耕还林工程、退耕还林工程全国实施范围、集中连片特困地区退耕还林工程开展了工程生态效益、社会效益和经济效益的耦合评估。针对天然林资源保护工程，分别在东北、内蒙古重点国有林区[18]和黄河流域上中游地区开展了2期天然林资源保护工程效益监测评估工作。

森林生态系统服务价值化实现路径设计

　　生态产品价值实现的实质就是生态产品的使用价值转化为交换价值的过程，张林波等在国内外生态文明建设实践调研的基础上，从生态产品使用价值的交换主体、交换载体、交换机制等角度，归纳形成 8 大类和 22 小类生态产品价值实现的实践模式或路径。结合森林生态系统服务评估实践，我们将 9 项功能类别与 8 大类实现路径建立了功能与服务转化率高低和价值化实现路径可行性的大小关系（图 3）。生态系统服务价值化实现路径可分为就地实现和迁地实现。就地实现为在生态系统服务产生区域内完成价值化实现，例如，固碳释氧、净化大气环境等生态功能价值化实现；迁地实现为在生态系统服务产生区域之外完成价值化实现，例如，大江大河上游森林生态系统涵养水源功能的价值化实现需要在中、下中游予以体现。基于建立的功能与服务转化率高低和价值化实现路径可行性的大小关系，以具体研究案例进行生态系统服务价值化实现路径设计，具体研究内容如下：

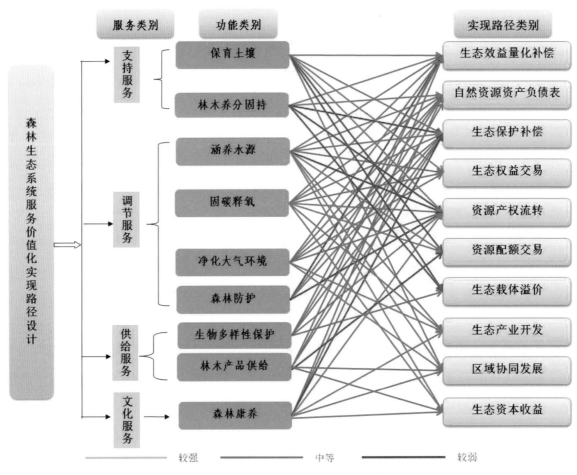

不同颜色代表了功能与服务转化率的高低和价值化实现路径可行性的大小

图 3　森林生态系统服务价值化实现路径设计

森林生态效益精准量化补偿实现路径

森林生态效益科学量化补偿是基于人类发展指数的多功能定量化补偿，结合了森林生态系统服务和人类福祉的其他相关关系，并符合不同行政单元财政支付能力的一种对森林生态系统服务提供者给予的奖励。探索开展生态产品价值计量，推动横向生态补偿逐步由单一生态要素向多生态要素转变，丰富生态补偿方式，加快探索"绿水青山就是金山银山"的多种现实转化路径。

例如，内蒙古大兴安岭林区森林生态系统服务功能评估，利用人类发展指数，从森林生态效益多功能定量化补偿方面进行了研究，计算得出森林生态效益定量化补偿系数、财政相对能力补偿指数、补偿总量及补偿额度。结果表明：森林生态效益多功能生态效益补偿额度为15.52元/（亩·年），为政策性补偿额度（平均每年每亩5元）的3倍。由于不同优势树种（组）的生态系统服务存在差异，在生态效益补偿上也应体现出差别，经计算得出：主要优势树种（组）生态效益补偿分配系数介于0.07%～46.10%，补偿额度最高的为枫桦303.53元/公顷，其次为其他硬阔类299.94元/公顷。

自然资源资产负债表编制实现路径

目前，我国正大力推进的自然资源资产负债表编制工作，这是政府对资源节约利用和生态环境保护的重要决策。根据国内外研究成果，自然资源资产负债表包括3个账户，分别为一般资产账户、森林资源资产账户和森林生态系统服务账户。

例如，内蒙古自治区在探索编制负债表的进程中，先行先试，率先突破，探索出了编制森林资源资产负债表的可贵路径，使国家建立这项制度、科学评价领导干部任期内的生态政绩和问责成为了可能。内蒙古自治区为客观反映森林资源资产的变化，编制负债表时以翁牛特旗高家梁乡、桥头镇和亿合公镇3个林场为试点创新性地分别设立了3个账户，即一般资产账户、森林资源资产账户和森林生态系统服务账户，还创新了财务管理系统管理森林资源，使资产、负债和所有者权益的恒等关系一目了然。3个林场的自然资源价值量分别为：5.4亿元、4.9亿元和4.3亿元，其中，3个试点林场生态服务服务总价值为11.2亿元，林地和林木的总价值为3.4亿元。

退耕还林工程生态环境保护补偿与生态载体溢价价值化实现路径

退耕还林工程就是从保护生态环境出发，将水土流失严重的耕地，沙化、盐碱化、石漠化严重的耕地以及粮食产量低而不稳的耕地，有计划、有步骤地停止耕种，因地制宜地造林种草，恢复植被。集中连片特困区的退耕还林工程既是生态修复的"主战场"，也是国家扶贫攻坚的"主战场"。退耕还林作为"生态扶贫"的重要内容和林业扶贫"四个精准"举措之一，在全面打赢脱贫攻坚战中承担了重要职责，发挥了重要作用。经评估得出：退耕还

林工程在集中连片特困区产生了明显的社会和经济效益。

1. 退耕还林工程生态保护补偿价值化实现路径

生态保护补偿狭义上是指政府或相关组织机构从社会公共利益出发向生产供给公共性生态产品的区域或生态资源产权人支付的生态保护劳动价值或限制发展机会成本的行为，是公共性生态产品最基本、最基础的经济价值实现手段。

退耕还林工程实施以来，退耕农户从政策补助中户均直接收益 9800 多元，占退耕农民人均纯收入的 10%，宁夏一些县级行政区达到了 45% 以上。截至 2017 年年底，集中连片特困地区的 341 个被监测县级行政区共有 1108.31 万个农户家庭参与了退耕还林工程，占这些地方农户总数的 30.54%，农户参与数分别为 1998 年和 2007 年的 369 倍和 2.50 倍，所占比重分别比 1998 年和 2007 年上升了 23.32 个百分点和 14.42 个百分点。黄河流域的六盘山区和吕梁山区属于集中连片特困地区，参与退耕还林工程的农户数分别为 16.69 万户和 31.50 万户，参与率分别为 20.92% 和 38.16%。通过政策性补助的方式，提升了参与农户的收入水平。

2. 退耕还林工程生态产品溢价价值化实现路径

一是以林脱贫的长效机制开始建立。新一轮退耕还林工程不限定生态林和经济林比例，农户根据自己意愿选择树种，这有利于实现生态建设与产业建设协调发展，生态扶贫和精准扶贫齐头并进，以增绿促增收，奠定了农民以林脱贫的资源基础。据监测结果显示，样本户的退耕林木有六成以上已成林，且 90% 以上长势良好，三成以上的农户退耕地上有收入。甘肃省康县平洛镇瓦舍村是建档立卡贫困村，2005 年通过退耕还林种植 530 亩核桃，现在每株可挂果 8 千克，每亩收入可达 2000 元，贫困户人均增收 2200 元。

二是实现了绿岗就业。首先，实现了农民以林就业，2017 年样本县农民在退耕林地上的林业就业率为 8.01%，比 2013 年增加了 2.26 个百分点。自 2016 年开始，中央财政安排 20 亿元购买生态服务，聘用建档立卡贫困群众为生态护林员。一些地方政府把退耕还林工程与生态护林员政策相结合，通过购买劳务的方式，将一批符合条件的贫困退耕人口转化为生态护林员，并积极开发公益岗位，促进退耕农民就业。

三是培育了地区新的经济增长点。第一，林下经济快速发展。2017 年，集中连片特困地区监测县在退耕地上发展的林下种植和林下养殖产值分别达到 434.3 亿元和 690.1 亿元，分别比 2007 年增加了 3.37 倍和 5.36 倍。宁夏回族自治区彭阳县借助退耕还林工程建设，大力发展林下生态鸡，探索出"合作社＋农户＋基地"的模式，建立产销一条龙的机制，直接经济收入达到了 4000 万元。第二，中药材和干鲜果品发展成绩突出。2017 年，集中连片特困地区监测县在退耕地上种植的中药材和干鲜果品的产量分别为 34.4 万吨和 225.2 万吨，与 2007 年相比，在退耕地上发展的中药材增长了 5.97 倍，干鲜果品增长了 5.54 倍。第三，森林旅游迅猛发展。2017 年集中连片特困地区监测县的森林旅游人次达到了 4.8 亿人次，收入达到了 3471 亿元，是 2007 年的 4 倍、1998 年的 54 倍。

绿色水库功能区域协同发展价值化实现路径

区域协同发展是指公共性生态产品的受益区域与供给区域之间通过经济、社会或科技等方面合作实现生态产品价值的模式，是有效实现重点生态功能区主体功能定位的重要模式，是发挥中国特色社会主义制度优势的发力点。

潮白河发源于河北省承德市丰宁县和张家口市沽源县，经密云水库的泄水分两股进入潮白河系，一股供天津生活用水；一股流入北京市区，是北京重要水源之一。根据《北京市水资源公报（2015）》，北京市2015年对潮白河的截流量为2.21亿立方米，占北京当年用水量（38.2亿立方米）的5.79%。同年，张承地区潮白河流域森林涵养水源的"绿色水库功能"为5.28亿立方米，北京市实际利用潮白河流域森林涵养水源量占其"绿色水库功能"的41.83%。

滦河发源地位于燕山山脉的西北部，向西北流经沽源县，经内蒙古自治区正蓝旗转向东南又进入河北省丰宁县。河流蜿蜒于峡谷之间，至潘家口越长城，经罗家屯龟口峡谷入冀东平原，最终注入渤海。根据《天津市水资源公报（2015）》，2015年，天津市引滦调水量为4.51亿立方米，占天津市当年用水量（23.37亿立方米）的19.30%。同年，张承地区滦河流域森林涵养水源的"绿色水库功能"为25.31亿立方米/年，则天津市引滦调水量占其滦河流域森林"绿色水库功能"的17.81%。

作为京津地区的生态屏障，张承地区森林生态系统对京津地区水资源安全起到了非常重要的作用。森林涵养的水源通过潮白河、滦河等河流进入京津地区，缓解了京津地区水资源压力。京津地区作为水资源生态产品的下游受益区，应该在下游受益区建立京津—张承协作共建产业园，这种异地协同发展模式不仅保障了上游水资源生态产品的持续供给，同时为上游地区提供了资金和财政收入，有效地减少了上游地区土地开发强度和人口规模，实现了上游重点生态功能区定位。

净化水质功能资源产权流转价值化实现路径

资源产权流转模式是指具有明确产权的生态资源通过所有权、使用权、经营权、收益权等产权流转实现生态产品价值增值的过程，实现价值的生态产品既可以是公共性生态产品，也可以是经营性生态产品。

在全面停止天然林商业性采伐后，吉林省长白山森工集团面临着巨大的转型压力，但其森林生态系统服务是巨大的，尤其是在净化水质方面，其优质的水资源已经被人们所关注。森工集团天然林年涵养水源量为48.75亿立方米/年，这部分水资源大部分会以地表径流的方式流出森林生态系统，其余的以入渗的方式补给了地下水，之后再以泉水的方式涌出地表，成为优质的水资源。农夫山泉在全国有7个水源地，其中之一便位于吉林长白山。吉林长白山森工集团有自有的矿泉水品牌——泉阳泉，水源也全部来自于长白山。

根据"农夫山泉吉林长白山有限公司年产 99.88 万吨饮用天然水生产线扩建项目"环评报告（2015 年 12 月），该地扩建之前年生产饮用矿泉水 80.12 万吨，扩建之后将会达到 99.88 万吨／年，按照市场上最为常见的农夫山泉瓶装水（550 毫升）的销售价格（1.5 元），将会产生 27.24 亿元／年的产值。"吉林森工集团泉阳泉饮品有限公司"官方网站数据显示，其年生产饮用矿泉水量为 200 万吨，按照市场上最为常见的泉阳泉瓶装水（600 毫升）的销售价格（1.5 元），年产值将会达到 50.00 亿元。由于这些产品绝大部分是在长白山地区以外实现的价值，则其价值化实现路径属于迁地实现。

农夫山泉和泉阳泉年均灌装矿泉水量为 299.88 万吨，仅占长白山林区多年平均地下水天然补给量的 0.41%，经济效益就达到了 81.79 亿元／年。这种以资源产权流转模式的价值化实现路径，能够进一步推进森林资源的优化管理，也利于生态保护目标的实现。

绿色碳库功能生态权益交易价值化实现路径

森林生态系统是通过植被的光合作用，吸收空气中的二氧化碳，进而开始了一系列生物学过程，释放氧气的同时，还产生了大量的负氧离子、萜烯类物质和芬多精等，提升了森林空气环境质量。生态权益交易是指生产消费关系较为明确的生态系统服务权益、污染排放权益和资源开发权益的产权人和受益人之间直接通过一定程度的市场化机制实现生态产品价值的模式，是公共性生态产品在满足特定条件成为生态商品后直接通过市场化机制方式实现价值的唯一模式，是相对完善成熟的公共性生态产品直接市场交易机制，相当于传统的环境权益交易和国外生态系统服务付费实践的合集。

森林生态系统通过"绿色碳汇"功能吸收固定空气中的二氧化碳，起到了弹性减排的作用，减轻了工业减排的压力。通过测算可知广西壮族自治区森林生态系统固定二氧化碳量为 1.79 亿吨／年，但其同期工业二氧化碳排放量为 1.55 亿吨，所以，广西壮族自治区工业排放的二氧化碳完全可以被森林所吸收，其生态系统服务转化率达到了 100%，实现了二氧化碳零排放，固碳功能价值化实现路径则为完成了就地实现路径，功能与服务转化率达到了 100%。而其他多余的森林碳汇量则为华南地区的周边地区提供了碳汇功能，比如广东省。这样，两省（区）之间就可以实现优势互补。因此，广西壮族自治区森林在华南地区起到了绿色碳库的作用。广西壮族自治区政府可以采用生态权益交易中污染排放权益模式，将森林生态系统"绿色碳库"功能以碳封存的方式放到市场上交易，用于企业的碳排放权购买。利用工业手段捕集二氧化碳过程成本 200～300 元／吨，那么广西壮族自治区森林生态系统"绿色碳库"功能价值量将达到 358 亿～537 亿元／年。

森林康养功能生态产业开发价值化实现路径

生态产业开发是经营性生态产品通过市场机制实现交换价值的模式，是生态资源作为生产要素投入经济生产活动的生态产业化过程，是市场化程度最高的生态产品价值实现方式。生态产业开发的关键是如何认识和发现生态资源的独特经济价值，如何开发经营品牌提高产品的"生态"溢价率和附加值。

"森林康养"就是利用特定森林环境、生态资源及产品，配备相应的养生休闲及医疗、康体服务设施，开展以修身养心、调适机能、延缓衰老为目的的森林游憩、度假、疗养、保健、休闲、养老等活动的统称。

从森林生态系统长期定位研究的视角切入，与生态康养相融合，开展的五大连池森林氧吧监测与生态康养研究，依照景点位置、植被典型性、生态环境质量等因素，将五大连池风景区划分为 5 个一级生态康养功能区划，分别为氧吧—泉水—地磁生态康养功能区、氧吧—泉水生态康养功能区、氧吧—地磁生态康养功能区、氧吧生态康养功能区和生态休闲区，其中氧吧—泉水—地磁生态康养功能区和氧吧—地磁生态康养功能区所占面积较大，占区域总面积的 56.93%，氧吧—泉水—地磁生态康养功能区所包含的药泉、卧虎山、药泉山和格拉球山等景区。

2017 年，五大连池风景区接待游客 163 万人次，接纳国内外康疗和养老人员 25 万人次，占旅游总人数的 15.34%，由于地理位置优势，俄罗斯康疗和养老人员 9 万人次，占康疗和养老人数的 36%。有调查表明，37% 的俄罗斯游客有 4 次以上到五大连池疗养的体验，这些重游的俄罗斯游客不仅自己会多次来到五大连池，还会将五大连池宣传介绍给亲朋好友，带来更多的游客，有 75% 的俄罗斯游客到五大连池旅游的主要目的是为了医疗养生，可见五大连池吸引俄罗斯游客的还是医疗养生。

五大连池景区管委会应当利用生态产业开发模式，以生态康养功能区划为目标，充分利用氧吧、泉水、地磁等独特资源，大力推进五大连池森林生态康养产业的发展，开发经营品牌提高产品的"生态"溢价率和附加值。

沿海防护林防护功能生态保护补偿价值化实现路径

海岸带地区是全球人口、经济活动和消费活动高度集中的地区，同时也是海洋自然灾害最为频繁的地区。台风、洪水、风暴潮等自然灾害给沿海地区的生命安全和财产安全带来严重的威胁。沿海防护林能通过降低台风风速、削减波浪能和浪高、降低台风过程洪水的水位和流速，从而减少台风灾害，这就是沿海防护林的海岸防护服务。同时，海岸带是实施海洋强国战略的主要区域，也是保护沿海地区生态安全的重要屏障。

经过对秦皇岛市沿海防护林实地调查，其对于降低风对社会经济以及人们生产生活的损害，起到了非常重要的作用。通过评估得出：秦皇岛市沿海防护林面积为 1.51 万公顷，其沿海防护功能价值量为 30.36 亿元 / 年，占总价值量的 7.36%。其中，4 个国有林场的沿海防护功能价值量为 8.43 亿元 / 年，占全市沿海防护功能价值量的 27.77%，但是其沿海防

护林面积为 5019.05 公顷，占全市沿海防护林总面积的 33.24%。那么，秦皇岛市可以考虑生态保护补偿中纵向补偿的模式，以上级政府财政转移支付为主要方式，对沿海防护林防护功能进行生态保护补偿，使沿海地区免遭或者减轻了风对于区域内生产生活基础设施的破坏，能够维持人们的正常生活秩序。

植被恢复区生态服务生态载体溢价价值化实现路径

以山东省原山林场为例，原山林场建场之初森林覆盖率不足 2%，到处是荒山秃岭。但通过开展植树造林、绿化荒山的生态修复工程，原山林场经营面积由 1996 年的 4.06 万亩增加到 2014 年的 4.40 万亩，活力木蓄积量由 8.07 万立方米增长到了 19.74 万立方米，森林覆盖率由 82.39% 增加到 94.4%。目前，原山林场森林生态系统服务总价值量为 18948.04 万元 / 年，其中以森林康养功能价值量最大，占总价值量的 31.62%，森林康养价值实现路径为就地实现。

原山林场目前尝试了生态载体溢价的生态服务价值化实现路径，即旅游地产业，通过改善区域生态环境增加生态产品供给能力，带动区域土地房产增值是典型的生态产品直接载体溢价模式。另外，为了文化产业的发展，依托在植被恢复过程中凝聚出来的"原山精神"，已经在原山林场森林康养功能上实现了生态载体溢价。原山林场应结合目前以多种形式开展的"场外造林"活动，提升造林区域生态环境质量，结合自身成功的经营理念，更大限度地实现生态载体溢价的生态服务价值化。

展　望

根据研究结果 / 案例，在生态系统服务价值化实现路径方面开展更为详细的设计，使生态系统服务价值化实现逐步由理论走向实践。生态系统服务价值化实现的实质就是生态产品的使用价值转化为交换价值的过程。虽然生态产品基础理论尚未成体系，但国内外已经在生态系统服务价值化实现方面开展了丰富多彩的实践活动，形成了一些有特色、可借鉴的实践和模式。森林生态系统功能所产生的服务作为最普惠的生态产品，实现其价值转化具有重大的战略作用和现实意义。因此，建立健全生态系统服务实现机制，既是贯彻落实习近平生态文明思想、践行"绿水青山就是金山银山"理念的重要举措，也是坚持生态优先、推动绿色发展、建设生态文明的必然要求。

生态系统功能是生态系统服务的基础，它独立于人类而存在，生态系统服务则是生态系统功能中有利于人类福祉的部分。对于两者的理论关系认识较早，但迫于技术限制开展的研究相对较少，因此在现有森林生态系统功能与服务转化率研究结果的基础上，开展更为广泛的生态系统服务转化率的研究，进一步细化为就地转化和迁地转化，这也成为未来生态系统服务价值化实现途径的重要研究方向。

"中国森林生态系统连续观测与清查及绿色核算"系列丛书目录